森と人間と林業

生産林を再定義する

村尾行一

築地書館

まえがき　二項対立から三位一体へ――生産林の再定義

客観的には日本林業の環境は好く展望も明るい。ところが林業人の主観ではコトは全く正反対なのである。日本林業を取り巻く環境は厳しく、だから苦しい状況に立たされており、展望も暗いと思い込みがちである。つまり日本林業衰弱の原因を、安価な外材の殺到や人口減少による木材需要の縮小といった外在的なものに求め、自らの経済的・技術的未成熟さといった内在的なものとはしないのだ。しかし原因が外在的なものであれば、林業界は自力ではどうにもできず、日本林業は出口なき闇黒《あんこく》のトンネル内に立ち往生するのみである。ところが現実を直視すれば、幸いにも原因は内在的なのだ。そうであるならば林業は自らの改革によって容易に回生できる。

本書はこうした考えのもとに、日本林業復活の道を、ただし辛口で述べる。辛口といったのは、現状の日本林業を分析すればするほど改善すべき難点がいくつも発見されるからだ。したがって日本林業の復興とはこの諸難点の克服なのである。だからこの書はいうなれば説得の書と受け取ってもらってもよい。筆者は勢い国の林業政策を厳しく批判する。なぜならそれは森林・林業に大きな影響を及ぼすものなのだが、日本林業再生の道を逆走しているからだ。控えめにいっても

的を外しがちである。したがって日本の林業人は国の施策に拘束されることなく、自らが主体的に選んだ道を歩むことが正道だと筆者は提言したい。

森林には大別して「物材生産」「環境保全」「レクリエーション」の三機能がある。環境保全とレクリエーションを合わせて「公益的機能」といっておくと、従来の認識は「生産林対公益林」「生産林か公益林か」という二項対立である。現実においても両林はまま衝突してきている。そこで本書は二項対立を斥《しりぞ》けて、三機能林が一体である林業に進化する道、すなわち一つの森林に三機能を同時に発揮させ続ける三位一体の近代林業へと日本林業を改造することを提案する。そのためには生産林を定義し直すことがぜひとも必要なのだ。

日本の場合、ほとんどの生産林の存在形態はこうである。①スギならスギだけの単純林、②各林木が同じ樹齢の同齢林、③上木層だけで下木層が（場合によっては林床植生まで）無い単層林、④そうした林木を一斉に伐採する皆伐林、⑤皆伐跡地に再びスギならスギの苗木を植栽する人工林、という皆伐系同齢単層単純人工林である。だから現在の生産林は農業類似の「木材栽培業」だといえる。

これに対して筆者は次のような生産林を望ましいとする。すなわち①さまざまな樹種から成る混交林、②林木の樹齢がさまざまな異齢林、③上木層の下に何段階もの中下木層と豊かな林床植

生のある多層林、④木材を伐採しても森林状態が維持されて森林を裸地化しない択伐（選択された林木のみの抜き伐《き》り）である恒続林、⑤林木の再生を人工造林法と天然更新法を併用して行う人工天然林、⑥自然の法則に則り、自然林に構造と様相が酷似した施業林――と生産林を定義しなおしたい。

つまり従来の林業観では生産林に向かないと看做《みな》される「合自然的で近自然的な異齢多層混交状態が恒続する人工天然林」に生産林がなるのである。こうした生産林を集約林、正確にいえば一本一本の樹木を丁寧に吟味して扱う知識集約的林業というのだ。これを「単木施業」とも呼ぶ。そうであればこそ林業が林業従事者に高所得をもたらし、需要を満足させ、森林の生産・保全・レクリエーションという三機能を一体化させるのだ。局面を変えていえば時間的にも場所的にも集中して行う少品目（場合によっては単品目）大量生産を志向する従来の林業を改めて、日本林業を時間的にも場所的にも分散して行う多品目少量生産である林業生産に変革することである。いわゆる「スケールメリット」は狙わない。こうした林業こそがエコロジカルにしてエコノミカルなのだ。近代林業とはこのように森林を造成し利用する営為なのである。すると日本の林業構造が個々の森林（林分）は大所有といえども小規模であり、多くの場合分散していることはかえってメリットだ。自ずと分散的多品目少量生産になるからである。日本林業における大規模所有とは小面積の林分を所有権で集積しているにすぎないのであって、だから大規模経営ではない。

平均的な林分面積は森林の所有規模に関係なく〇・七haと思えばほぼ間違いはない。

こうして生産される少量雑多な木材を集材し、用途別に仕分けして、それぞれの商品種目を欲する需要先に分配するのが流通である。この場合、生産そのものを統合してはならない。だから生産それ自体を集積して大規模化しようとする林野庁の施策は全否定せざるをえない。また、流通は近代林業に不可欠な情報活動のメディアでもあるのだが、日本の林業はこの点について機能障害に陥っている。したがって「木は売っているのではなく、単に買われているにすぎない」という傾向が「川上」になればなるほど強いのだ。換言すると「川上」になるほど木材取引において主体性が減衰する。これが再造林を不可能にするほどの立木価格の異常なまでの低さという昨今の悲劇的事態をもたらしていると筆者には思えるのである。ところが林野庁は専ら木材生産の大規模化と労働生産性向上によるコスト低減でもって価格低迷状態から脱出させようとしているのだ。いわゆる「高性能林業機械」の使用が強く慫慂《しょうよう》される所以《ゆえん》である。そこで高性能林業機械の稼動に便利なように生産を統合させることが新林政「新たな森林管理システム」の目玉となっている。これはベッドに合わせて足を切るの類いだ。

本書はこのような問題意識と目的設定を述べてみた拙い小品である。そこで脳裏に浮かぶモデル像はドイツの近代林業である。とりわけ担い手問題でドイツを見習う必要がある。なぜなら日本には近代林業を担える「プロ」の林業人がきわめて少ないからである。いや、事態はさらに悪

化している。「素人」的林業従事者を含む林業の担い手一般が極度に不足している。この人材問題が日本林業の最大の難点である。だからこの問題を克服することが日本林業の夜明けなのだ。ではどうすれば夜の帳《とばり》は開けるのか。それについても具体的に提言した。林業従事者に高所得をもたらし、彼らの社会的評価を特段に高め、したがって林業をドイツ人がいうところの「ノーブルな職業」たらしめる――本書はこの日本林業近代化の道を模索する一試論である。

ここで拙著への予想される批判に対する予防的弁明をしておこう。筆者は自らを「新京都学派」の一員とするし、ロマン主義を肯定的に論述する。しかし筆者の本意は加藤周一が次のように厳しく批判する戦前戦中のいわゆる京都学派と日本浪漫派とは一切無関係である。筆者のいう「新京都学派」とは四手井綱英・荻野和彦の「京都森林生態学」と半田良一・森田学・有木純善の「京都林業経済学」、さらには今西錦司、宮地伝三郎、川那部浩哉らなのだ。

加藤はその名著『日本人とは何か』（講談社、一九七六）でいう――

「太平洋戦争の段階で戦場に追いたてられた世代の知的な層にとって、いちばん深い影響をあたえたのは日本浪漫派と京都哲学の一派」、「二・二六事件（一九六三）以来のファッシズム『新体制』を正当化し、中国侵略戦争と太平洋戦争に理論的支持をあたえようとしたのは、日本浪漫派と京都学派の一派」

また、戦中でも戦後でも思潮の主流は「近代」とは超克されるべきものとする。にもかかわらず筆者は「ドイツ近代林業」を大肯定し、「日本林業近代化」を提唱した。そのことに対する批判には、加藤とともにこう反批判したい。

「そこで『超克』しなければならないという『近代』そのものが、果して日本に存在しているのか」

さらには、「西洋に追いつき追いこせ」なる発想は今や超克すべき精神態度だという思潮が昨今の主流であることを承知してはいる。にもかかわらず筆者はドイツ近代林業をモデルとする。それを乗り越えるには日本林業はあまりにも未成熟だからである。例えばドイツ近代林業が完全に打破した旧林業である「木材栽培業」（だから人工林の「木材栽培工場」視）の段階に日本林業はいまなお停滞しているからである。

森と人間と林業　目次

第5章　林業人はいかにして育てられるか

第6章　森へ行こうよ

終章　日本林業で実践されていたドイツロマン主義林業

序章

日本林業の心理と行動

1　森との永遠の会話

林業とは人間と森林との相互作用関係――これが筆者の基本的理解である。この場合の「人間」とは正確にいえば社会であり、「森林」とは正確にいえば森林生態系である。そして生態系とはある生物的主体とその生物的・非生物的環境との相互作用関係であるならば、林業とは人間を主体とし森林を環境とする「人間－森林系」という壮大な生態系だと理解しなければならない。

相互作用関係であるからには、人間が森林に働きかけると森林がそれに応じて人間に働きかける。では人間はどのような働きかけが正しいのか。それは先《ま》ずは「森のことは森に聴け」（四手井綱英）である。森は必ず応答してくれる。すると人はこの森の語りかけを自己の行為にフィードバックさせてそれを修正し、そこで森に修正した働きかけをする。するとまたもや森は応答する。この会話を無限に繰り返すのが正しい林業のあり方だと筆者は思う。そう、林業とは「人と森との永遠の会話」なのだ。この場合の人間の態度を一言でいえば「合自然的」である。

では日本の林業は果たしてこうした会話をし、こうした態度をとっているのか。これが筆者の基本的問題意識なのである。そこで本書は日本林業の心理と行動を解明して、その結果、日本林業の軌道を修正したい。換言するとそれは「日本林業近代化の道」の提示である。とはいえ、そ

れはあくまでも一つの提案にすぎない。

2　大きなチャンス

追い風に逆らって

日本林業は奇妙な産業である。林業を取り巻く環境はすこぶる良好なのに日本林業は衰弱しているのだ。石油石炭や金属類、さらには原子力など地下資源に立脚した今日の文明はもはや超克すべきものであり、それにとって替わる新たな文明を構築すべきであることは周知の事実である。このオルターナティヴな（替わるべきもう一つの）文明こそが「森の文明」である。「森」すなわち森林生態系は木材から食料まで供給しえて、その基軸である「木の文化」は地下資源由来の物資をほとんど全て代替する。しかもそれらは生産においても再利用においてもエコノミカルであり、かつエコロジカルなのだ。だから世界、とりわけ先進諸国では在来用途のみならず新規用途においても木材利用が増大しており、さらにはなおも新たな用途に向けての研究開発が盛んに行われている。ところが独り日本林業は現状を「林業を取り巻く環境は厳しい」という。つまりすばらしい追い風をつかまえられていない。

そして将来についても悲観的である。例えば内閣（林野庁）が毎年通常国会に提出している

『森林及び林業の動向』（以下『林業白書』と略記）の二〇一六年度版でも木材利用の大半を占める住宅建築について「今後、急速な高齢化と人口減少が進むと推計されており、既存の用途における木材需要の大幅な増加を見込むことが困難な情勢にある」という。しかし二〇一七年度『林業白書』が「国産材供給量は増加傾向」にあるという二〇一六年でさえ、製材用丸太の自給率は僅《わず》か一六・九％にすぎない。対して木材総供給量に占める外材の製材用丸太と製材品（丸太換算）の合計が二〇・八％。だから外材との競争に勝てば、莫大な新規需要が国産材に追加されるのだ。そしてヨーロッパに比べて立ち遅れている中高層住宅や非住宅系建造物における構造材および内装材の木材化が推進されれば国産材に対する需要は特段に増大する。さらには国産材が国内市場において外材を圧倒できれば国産材は輸出商品にもなれるから、それによる需要増加は計り知れない。こうした外材の代替と新規需要の実現にとっての国産材の最大の難点は品質・性能の低劣さにある。この国産材の品質・性能問題は二〇一六年度『林業白書』も、例えばＪＡＳ（日本農林規格）の認定を取得している製材工場は「一割程度にすぎない」と慨嘆しているほどである。そして国産材の難点中の難点は大方の国産材が無乾燥ということである。かりに乾燥してあってもＪＡＳ認定工場でなければ「乾燥材」と表示できない。これが外材、とりわけ国産材にとって最強の競争相手であるヨーロッパ材に圧倒されている所以《ゆえん》なのだ。参考までに付言すると、パルプ・チップの自給率はさらに低く、七・三％にすぎない（二〇一七年度『林業白書』）。

チップは化学産業の新たなマテリアルとして脚光を浴びているのだが、その自給率がこのように甚だ低いことは日本の製材がそれほどまでに粗放であることを物語っている。

さらにいえば、数多《あまた》ある森林の機能は「生産機能」「環境機能」「レクリエーション機能」に大別できるが、今日では後者の二機能の重要性が深く認識されて、ドイツ等では「生産機能」のみならず「環境機能」と「レクリエーション機能」とを発揮させる営為が近代林業であると規定している。こうした林業の意味拡大が林家等林業の担い手に、より豊かな経済的恵みを与えることは多言を要しない。ところが残念ながら、日本は林業の概念がいまだ狭く、「林業は、森林資源を『植える↓育てる↓使う↓植える』というサイクルの中で循環利用し、継続的に木材等の林産物を生産する産業」（二〇一六年度『林業白書』）と把握するのが通念である。換言すれば林業を林産物生産とのみ解しているのだ。だからいかに「林業は、国土保全、水源の涵養、地球温暖化の防止等の森林の多面的機能の発揮に貢献している」（同前）と力説しようとも、それはあくまでも「森林の機能」であって、林業そのものは、「林業イコール林産物生産」という森林の一面的機能の発揮でしかない。しかも森林資源の生産再生産方法を「植える」＝「人工造林」とのみ決めつけて、近代林業にとっていま一つの重要な方法である「天然更新」を埒外《らちがい》に置いている。

以上、日本林業はその捉え方を変えるだけで、大きな可能性の地平が開かれているのだ。

「森林の循環利用」の破綻から見える可能性

しかも肝心の「森林の循環利用」が今や破綻しているのである。現在日本は成熟した森林資源を豊富に有している。しかも資源量は増大しつつある。林野庁が「過熟」との口吻《こうふん》を漏らすほどだ。世界的には森林資源の減少こそが深刻な問題であるのに、なんとも〝贅沢《ぜいたく》〟な悩みである。そしてその根本原因は「循環」の破綻なのだ。世界的通念での森林資源の「循環」の破綻は伐採過剰であるのに対して、日本における破綻は伐採不足に起因する。

この「破綻」の直接的原因は立木・丸太の販売価格が造林育林経費を大きく下回っていることだ。だから森林資源の更新が不能になるので林家等は伐採を手控える。こんな不条理は少なくとも近代林業では考えられない。森林資源の再生産を予定しない伐採は後進林業圏でまま見られる略奪林業である。だから日本林業は略奪林業への堕落の崖っぷちに立たされているのだ。その結果、後継資源は甚だしく不足している。かくして森林資源は〝少子高齢化〟する一方である。これは近代林業では考えられない事態なのだ。

こうした異常事態の根源は国産材の低質さにある。したがって「製材品出荷量は減少傾向」（二〇一七年度『林業白書』）にあるのは当然である。この国産製材品の不振が丸太価格、そして立木価格に皺《しわ》寄せされて、森林資源の再生産を困難にするほどの不条理極まりない低価格を招いているのだ。ところが『林業白書』はこの点に気付かない。さらには「オーストリアの林業に学

ぶ点」で、「より森林所有規模が大きく、より平坦な地形で大型の高性能林業機械の導入が進められているスウェーデンやフィンランドといった北欧諸国と同等の国際競争力を、製材輸出市場において有している」根本的理由を学んではいない。中小所有者の組織化と丸太生産の集約化や運材・丸太販売の共同化というスケールメリットを力説しているだけで、オーストリアの所有規模が大きくなく、また地形急峻なため大型高性能林業機械の導入が容易でないにもかかわらず、さらには二ha以上の皆伐を禁じているにもかかわらず国際競争力が強いことの原因を理解できていない。しかし、このことの解明にこそ、日本の森林所有の零細性と急峻な地形という状況が本当に国際競争力を弱めているのかという重要なテーマを解く鍵がある。また、後に見るように丸太価格に占める立木価格の割合が日本に比して格段に大きいこと、造林投資の利回りが高いので森林所有者の林業意欲が高いことの原因については一筆も言及していない。

果たして諸悪の根源は外材か

日本林業界は自らの不振、さらには衰弱の原因を国産材の低質さという内在的なものではなく、あくまでも外在的なものと思い込んでいる。彼らは端的にいって「安い外材を輸入するからだ」と思いもし、口にもする。だから彼らは高関税を課して外材輸入を厳しく規制することを求めて運動するが、それが実現できるような国際状況ではない。彼らは国産材は価格的競争において外

材に敗北していると信じているけれども、しかし実は外材は国産材より決して安くはない。材種によっては外材が国産材よりはるかに高い場合さえある。つまり品質・性能の良し悪し等の非価格的競争においてこそ国産材は外材に負けているのだ。近代的商品経済の担い手は市況・需要動向・自らのありようを把握して経営の戦略・戦術を立て、それを実践する。それほど情報活動は重要なのだ。この情報活動の不充分な点こそが日本林業の根本的難点だといえる。

つまり価格的競争における敗北という事実誤認は当然にも事態打開の方策を立てられない上に、そもそも木材価格の低迷は日本林業に対してまことに深刻な問題を投げかけている。結論からいうと、市場は国産材を商品として甚だ低位にしか評価していない。社会が必要とする物材の生産にはその生産・再生産を可能にする価格が形成され、反対にそうとは認められない物材についてはそうした価格が形成されず、経営は赤字に転落する。そこで経営は当該製品の生産を断念するか破産するしかない。こうして、社会が必要とする部門には資金と労働力が投入され、不必要な部門からは資金と労働力を撤収するという、いかなる制度の社会においてもその存立にとって必要不可欠なメカニズムを近代資本主義では価格の上昇下落ないし価格の高低という市場の論理でもって稼動させるのである。これを経済学では「価値法則の絶対的基礎」という。とすれば現在のような品質・性能の国産材では社会的にさほど必要とは認められていないことを意味する。

3 「木材栽培業」の不条理

林業と農業との本質的相異

日本で林業が「植える→育てる→使う→植える」と概念されていることは、林業が農業をモデルにした「木材栽培業」、つまりドイツでは一九世紀末に根底的に否定されてしまっている「ホルツッフト」(「木材栽培業」の原語)の域に日本林業は二一世紀の今でもたたずんでいるということだ。なぜドイツで「木材栽培業」を前近代的林業として根底的に否定したかというと、林業は農業と本質的に異なる産業であると認識するからなのだ。

農業は人工物である栽培植物を耕地という人工環境において、耕耘《こううん》・潅水《かんすい》・施肥・草刈り・間引きといった一連の人為を継続的に行う人工的な栽培産業である。『土・牛・微生物』(デイビッド・モントゴメリー著　築地書館、二〇一八)などによると、その農業ですら、二一世紀になると、林業ないしアグロフォレストリー(農林生産複合)にならった不耕起、菌根菌や土壌微生物を活かした小規模・近自然農法、有畜自然農法が急速に勃興している。FAOが主唱する「家族農業の一〇年」も二〇一九年から始まった。農業の土づくりでさえ森林土壌化してきているのだ。

林業は樹木という天然植物を林地という天然環境において耕耘もせず、施肥もしない。ほとん

ど天然的な育成産業なのである。だから「農業」の原語が「ネイチャー」の対語であるところの「カルチャー」であるのに対して、林業は「ナチュラルな営為」なのである。にもかかわらず従来の農業に林業を限りなく近づけようとするところに木材栽培業の根本的難点がある。

施肥は百害あって一利なし

従来の農業では肥培管理のもと、継続的に施肥する。そして施肥効果を高めるために耕耘を行う。ところが林業の場合は施肥するとしても林木生育過程のごくごく初期において一時的に、しかも耕耘といった土壌の理学的改良などは行わずに、単に施肥するのみである。だから施肥した当座こそは上長成長（林木の背丈が伸びること）するが、施肥効果が消滅すると林木は元の自然状態の地味に適応すべく成長を停止する。成長停止とは端的にいって、自分自身での衰弱である。これを森林生態学では「肥料切れ現象」という。そして衰弱すると病虫害等の生物害や風倒等の気象害にかかりやすい。おまけに徒長は材質を低下させるから商品経済的にも望ましくない。要するに林地施肥は百害あって一利なしなのだ。

しかも農業で施肥に期待されるところの肥大成長（太ること）は林業ではありえない。なぜならば森林生態学が教えるところによると、林木が太るか瘠《や》せるかはいわゆる地味に関係なく、林木の成立本数密度によって規定されるからである。にもかかわらず、木材景気が好かった時代に

は林地施肥が大いに流行した。これを官庁も肥料メーカーも極めて積極的に推進した。だから学界も「林地肥培研究会」を結成するなど施肥の効果を盛んに宣伝したものである。

この行動の裏面には笑えぬ喜劇があったのだ。戦後の食糧問題だからこそ化学肥料業界は大変繁盛した。ところが一九五〇年代末になると化学肥料は過剰生産に陥り、メーカーは一転して不況となった。そこで国はこうした事態を打開するために、通商産業省（現経済産業省）軽工業局に化学肥料部という通産・農林両省共管のセクションを設けた。部長、課長、課長補佐、若手エリート係長、その他が農林省から出向した。しかし、こうした国の努力にもかかわらず、肥料過剰生産という事態は一向に好転しない。

そんな時、ある通産省入省二年目の若手エリート係長が「森林面積は国土の七割と聞く。農地より桁《けた》違いに広い。そして林木は農作物と同じく植物だ。だから森林に施肥すれば過剰生産は解消する」と提案した。そしてこれが省議となり政府の施策となって、「林地肥培」に国と業界から多くの資金が投入された。学界における「林地肥培」研究の盛況はそうした支出の余慶なのである。かくして林地に肥料が多投されるようになる。過剰在庫の一掃のためでもあったから、なかには本来は粉状のはずのものが劣化して板状・塊状になった肥料まで施されもした。

ところが日中貿易の再開によって、日本の肥料メーカーは対中輸出に大きく舵《かじ》を切った。だから農林省一般も肥料業界も「林地肥培」の熱が冷めた。にもかかわらず林業界における林地施肥

の流行は収束しなかった。林野庁・都道府県が戦後普及しようとした「林業新技術」のうち普及に成功し、「技術」として定着したのがこの林地施肥であった。それほどまでに日本林業は農業をモデルにするのである。流行がやんだのは施肥の難点に気付いたからではなく、林業衰弱による育林投資の激減によるのだ。

「雑草」は吸収根の保護者

従来の農業ではいわゆる「雑草」は眼の敵である。「惰農は草を見ても草を刈らない。中農は草を見てから草を刈る。篤農は草を見ないでも草を刈る」といった趣旨の古いことわざがあるほどだ。ところが林業では「雑草」の大きな効用を認める。

樹木の根系は樹木を支える支柱根と水分養分を吸収する吸収根とに大別される。この吸収根の先端に菌根菌という真菌の一種が寄生して菌根をつくると根の吸収能力は特段に強まる。ところで菌根は地表の直近に展開しながら直射日光には弱い。「雑草」は日光を遮蔽《しゃへい》してくれるので、「雑草」は菌根系の保護者であり、それは根の吸収効率を大いに高めるのである。なおいうと耕耘には除草効果もあるが、林業では先述のように耕耘は行われない。

除草するとしても、「雑草」の草丈が稚樹よりも高くて稚樹への日光照射を遮蔽している場合のみに、しかも稚樹を遮蔽している「雑草」だけを「坪刈り」としてのみ行うべきである。農業

のようにマルチを含めた全面除草を全生育期間通して繰り返して行ってはならない。まして除草剤は使用してはならない。除草剤は吸収根にとって加害者だからである。ところが現状はあまりにも農業的であって、稚樹が生えていない箇所まで除草している。これが森林の「保育作業」だと誤解している。それほどまでに日本の通念では林業は木材栽培業なのである。

儲かる造林、アグロフォレストリー

坪刈りよりなお賢明な方策が「アグロフォレストリー」、つまり林業と農業、とりわけ混作の輪作である農業が結合した「農林生産複合」である。これは通常の林業なら「雑草」が占める生態的位置にあらかじめ農作物を作付けておく。すると除草というコスト的行為が収穫という収益獲得行為に逆転する。その上、植林の準備作業である地拵《じごしら》えは農業のそれが代行してくれる。造林作業はこの地拵えと除草と苗木植栽だが、このうち造林作業コストの大部分は地拵えと除草の経費である。だから地拵えが代行され、除草が収穫に逆転することの林業経営にもたらすメリットはとても大きい。作付けられる作目は水稲以外の全てであって、しかも食味も栄養価も通常の農地作物よりはるかに良好である。だから世界的な森林減少原因の約八割が農地への転用である現状に鑑みて国連の関係機関がこの無施肥・無潅水のアグロフォレストリーを普及させるべく精力的に取り組んでいる。そして実はドイツにもアグロフォレストリーの原型である焼畑があった。

しかも多種多様な焼畑類型があった。だからドイツ語には焼畑を意味する語彙が豊富なのである。ドイツの古い人工林の多くはこの「焼畑造林」（ヴァルトフェルトバウ）で造成されたものという。

さらには目的樹種以外の林木を伐去する「除伐」という木材栽培業では必須の作業も近代林業では不必要である。なぜならば、生産期間の超長期な林業において、将来いかなる樹種が価値木となるかは例えばスーパーコンピューターを駆使しても予測できない。だから生える木は全て生えさせておくことが最も賢明なのだ。これもまた栽培目的の物以外の一切の植物を排除する農業と近代林業の違う点である。

間伐を行うのであれば優勢木間伐

林野庁は「森林保育」として劣勢木の間伐を強力に推進している。しかも「間伐しないと森林は荒廃する」という。だから「保育間伐」推進策を「森林整備事業」の中核事業とするのだ。しかし森林は間伐しなくても荒廃しない。

なぜなら、葉は物質生産器官であって、その林地面積当たり総量は林齢に関係なく一定であるから、森林における物質生産量は一定である。それを各林木は奪い合う。こうした生存競争の結果、優勝劣敗となって劣勢木は自然消滅する。この現象を森林生態学では「森林の自己間引き」

と呼ぶ。つまり無間伐でも森林は荒廃しない。そのなによりの証拠は日本林業が長らく無間伐林業だったことだ。それでも日本は森林大国である。なおもいえば原生林は勿論のこと、自然林も間伐されていない。だから劣勢木間伐、林野庁のいう「保育間伐」は不要である。間伐を行うとすれば、それはすべからく優勢木間伐として行うべきなのだ。すると間伐木が有利商品化するから現在のような間伐補助金も不要になる上に、これまで優勢木に圧倒されていた劣勢木が優勢木化する。さらには林床を陽光が照らすので、後継林木となる稚樹の発生・成長を促すのである。

このように優勢木間伐は合自然的であり、経済的なのである。

林木に伐期なし

農作物には熟期がある。熟期に達すると一斉に収穫する。ところが林木には熟期が無い。したがって林木は一年生でも五年生でも一〇年生でも五〇年生でも一〇〇年生・二〇〇年生でも伐採できるのだ。大規模皆伐を嫌う近代林業はその時ごとに需要のある形質の林木を「択伐」（抜き伐り）的に行う。したがって森林としては特定の伐期は無い。だから「短伐期が良いか、それとも長伐期が賢明か」といった伐期論争は無意味だ。この議論にそれなりの意味があるのは大面積一斉皆伐という森林生態系への過度な侵襲の場合のみである。

ところが林野庁は木材供給不足時代の失敗に学ぼうとせず、今でも「早生樹種」の普及と開発

に熱をあげている。しかし、五〇年で伐《き》っていたものが五年で伐ることができるのならともかく、いくら早生といっても在来樹と成長速度に大差が無い。ただし成長の遅い樹種を伐去して成長の早いスギやヒノキに置き換える「拡大造林」時代なら「早期育成林業」にもその動機に「三分の理」はあった。なにしろ当時は一刻でも早く増大する木材需要を満足させられる森林資源を造成することが喫緊の政策課題だったからである。

ところが今日は容認できる動機が無い。林野庁はそれでも「早生樹」普及・研究の目的を「育林経費の縮減」(二〇一七年度『林業白書』)としている。現下の育林不振の原因はコスト高にあるのではない。しかも仮に育林の高コストが原因だとしても、「早生樹」開発では間に合わない。まして現在の時点で在来樹種と置き換えるものとして林野庁が念頭にあるものは例えばコウヨウザン(広葉杉)等である。これは天然資源たる木曽檜《ひのき》林をカラマツ人工林に置き換えたような失敗から何も学んでいないのではないだろうか。

4　日本林業、こうすれば復活する

乾燥

木材というものは充分に乾燥しないと、割れ・曲がり・腐れ等々が発生するから無乾燥の一事

だけでその材は欠陥商品である。しかも生木の含水率は木によって異なるから、乾燥しなければ一定の強度・一定の形状等の木材群とはならない。そして国産材はこの肝心の乾燥が不徹底なのだ。これが木材に高い品質・性能を求める今日の需要が国産材を忌避する所以である。

林野庁が「製材品出荷量に占める人工乾燥材の割合は増加傾向にあり、二〇一四年には三六・八%となっている。製材品出荷量のうち、特に乾燥が求められる建築用材に占める人工乾燥材の割合は四四・五%となっている」（二〇一七年度『林業白書』）と胸をはろうとも、これは真《ま》に受けられない。なぜならこの数値は全数調査の結果ではない。人工乾燥は日本林業総体として未経験の作業であるからには製材所による人工乾燥の有無はバラツキが非常に大きい。しかも人工乾燥は後述するように経営にとって負担が重いので、補助金によって乾燥機を導入しても実際には稼動しない製材所が少なくない。だから正確な人工乾燥材の全製材品に占める割合は、少なくとも当面は労を惜しまず全数調査で求めるべきなのだ。その上ＪＡＳが乾燥材とする材の含水率は二五%以下という甘さである。望ましい含水率は一〇%以下なのだ。しかも、そもそも二五%という数値には科学的根拠が見当たらない。なお、乾燥については第2章で詳述する。

情報と知識

日本の林業人に不足しているのは林業・木材を取り巻く状況についての正確な情報である。そ

して情報を収集しようとする意欲が低い。情報を無料で——場合によっては手当てを与えて——提供する国等の普及事業にすっかり慣れた彼らは情報というものを、安価で、あるいは無料で、さらには手当てをもらって入手できるものと錯覚している。だから勢い彼らの状況認識は俗説、とくに官公庁やマスメディアが流す俗説や、事実誤認に陥りやすい。

木材栽培業ならいざ知らず、近代林業が求める資格は単に植えて伐るだけの技能ではない。近代林業の基礎学は森林生態学である。そしてこの基礎に立脚した経済学・美学・政治学・歴史学という四本柱の上に定置されるのが狭義の林業的技術・知識なのだ。さもないと、「人間－森林系」なる生態系の産業化は不可能である。日本林業人は、この基礎学と四本柱学の教養の重要性に気付いているとはいえない。日本における最先進林業地域である吉野林業（奈良県）とて、いかにその施業のハイレベルさを誇っていても従来の木材栽培業的技能を相対化することなく、ただ慣性で継承しているにすぎない。吉野林業の悲劇はこのことに気付いていないことだ。

価格決定力問題

日本では大方の林業人がマーケットリサーチもマーケティングもしないから、彼らは「木を売っている」のではなく、「木を買われている」にすぎない。このことはとりわけ森林所有者にいえる。換言すれば彼らには自己の商品価格を決定できないのだ。そこで立木価格は丸太価格から

流通コストと運材コストと伐採コストを控除した額となる。国有林でいう「市場価逆算」方式、国有林赤字化の一大原因である方式なのだ。その結果、同じく山岳林業であるオーストリアでは丸太価格中に占める立木価格の割合が約六二％であるのに日本では約二三％なのである（二〇一七年度『林業白書』）。そして丸太価格が低迷すると丸太業者は企業努力よりも立木価格への皺寄せを選ぶ。

「市場価逆算」主義者は「立木には原価が無いから」という。しかし商品価格は需給関係や使用価値等々といった原価とは無関係の因子で決定されるのである。だから場合によっては「赤字」「採算割れ」といった商品価格が原価を下回る事態が生じるのだ。しかも原価の無い商品は立木だけではなくて沢山ある。その典型は土地なのだ。その他日常的に見る無原価商品は貨幣（金融）と資本（株式）である。

5　日本林業近代化の道

近代化の具体的目標

日本林業を起死回生させるためには一刻も早く木材栽培業から近代林業へ進化させねばならない。その近代林業とは「合自然的かつ近自然的林業」「多機能林業」「フリースタイル林業」の三

位一体であり、その具現化の典型が「恒続林施業」であるというドイツ近代林業が到達している林業のありようなのだ。なお、「施業」とは森林に対する具体的な働きかけという意味である。そして近代林業にとって不可欠な前提条件は高度な質の人材である。だからドイツでは広く深い見識と技術を教授する極めてハイレベルの公教育制度と修了した後の厳しい国家資格試験制度というシステムがある。この制度の欠如こそが日本林業の最大の弱点かもしれない。

ドイツを近代化の目標とすることに対して、「ドイツと日本では自然条件と社会事情が違う」と日本的精神風土はほとんど条件反射的に批判するであろう。しかし本書がドイツから学ぶものは林業哲学である。それは普遍的であって、スギの適地かヨーロッパトウヒの適地かといった類いの自然条件といった地域特性に規定される諸事情ではない。

「合自然的かつ近自然的林業」とは

森林を単なる林木の群れとはせず、あくまでも生態系と認識した上で、生態系の法則に則って、極力自然に近い構造と林相の森林を造成し利用すること。だから森林生態系への過度な侵襲である大規模皆伐・大面積単純林造林を否定する。そして施業が合自然的かつ近自然的であるか否かは、すべからく「ロカールベアムテ」（現地施業責任者）の判断に委ねるべきであるとする。そのことによって彼は「森との永遠の会話」の結果を施業に絶えずフィードバックするのだ。

「多機能林業」とは

林業とは、森林にその諸機能を発揮させること。具体的には一個の森林に社会が求める多くの機能を同時に発揮させることだから、森林を機能別に区分（ゾーニング）しない。

「フリースタイル林業」とは

林業の施業を机上で考案された規則に縛られたり、ある鋳型に嵌《は》め込んだりせずに、現場の責任者の自由な判断に委ねる林業のこと。こうした発想の基層もまた林業を「人と森との相互作用態」とするから「多機能林業」の当然の帰結である。そして林業の要諦《ようたい》を「森の心になっての育林」とする。ここでも林業とは「森との永遠の会話」なのだ。

「恒続林施業」とは

森林状態を恒続させせつつ、継続的に高価値林木を収穫すること。つまり「継続的な上木間伐」「林下での継続的な林木再生」と換言できる。だから森林を生態系と概念して、農業を林業のモデルにすることや森林の恒続状態を破壊する皆伐を拒否する。そして近代林業と森の美学とは調べを和する（ハーモニーする）と主張する。それを奏でられる者こそが近代林業人だと規定するのが恒続林思想なのである。

それでは、これからその要諦を各章で論じていこう。

第1章

森と木の文明史的意義

1　木材活用の意味するもの

地下資源依存型文明の終焉

石油から原子力まで、セメントから鉄鋼まで、今日の文明の地下資源依存体質の深刻な難点はもはや多くを語る必要は無い。このままの勢いで事態が進行すれば、それは人類の自死である。[*1]為すべきことはそれを超克した、オルターナティヴな（それに替わるべきもう一つの）文明を構築することである。そのような文明としてよくいわれるものは「今よりは不便で貧しいが人間と環境に優しい文明」だが、それはオルターナティヴな文明ではない。こうした発想は現代文明を便利で豊かな文明だとする現代文明肯定論と同じ認識から生まれる思考様式なのである。だからこれは解答にはならない。求められるのは人間とその環境に親和的であって、かつより便利でより豊かな文明であるべきなだ。

幸いなことには、すでにその解答を我々は得ている。それは「森の文明」である。これなら食料からエネルギーまで、地下資源依存型文明をトータルに代替しえて、かつ人間にも環境にも親[*2]和的な文明なのだ。こうした真にオルターナティヴな文明を対置しなければ、現在の文明を本当に超克したことにはならない。そして「森の文明」は木材にほとんど無限に近い需要を提供する

のである。

木材による逆代替と代替

「森の文明」の中核である「木の文明」の骨子は、地下埋蔵資源が産出する物をほとんど全て木材で代替するものである。しかもこの代替物の産出は前者のそれに比してより低コストなものである。

回顧すれば、我々は林産物に多くを依存していた。ところが今はそれらの圧倒的大部分を金属や石油化学製品で代替されている。だから、この代替関係を逆転させて、現在は地下資源由来の物材が占拠している分野を木材で、広くいえば森林生態系産物で逆代替することは技術的には容易である。さらには地下資源産物の独擅《せん》場である分野をも木材で代替させるのだ。

こうした逆代替と代替が可能であることを示すために、以下、木の長所の一端を、主として上村武『木づくりの常識非常識』（学芸出版社、一九九二）、有馬孝禮『エコマテリアルとしての木材――都市にもう一つの森林を』（全日本建築士会、一九九四）と日本林業技術協会編『木の100不思議』（日本林業技術協会、一九九五）に依拠しつつ例示しよう。

2　木材の長所

木は強い

物質の強さの比較は見かけの強度ではなくて、重さ当たりの強さ、つまり強さを比重で割った比強度で比較しないと意味が無い。

強い物の代表のように思われている鋼鉄をはじめ、アルミニウム、コンクリート、花崗岩《かこうがん》、大理石と、木としては柔らかい部類のスギとの強度を比較すると、先ず引張《ひっぱ》り強度ではスギ二五七〇に対して、鋼鉄六四一、アルミニウム三九〇、花崗岩三四、コンクリート一三、大理石一一である。圧縮強度はスギ一〇〇〇に対して、それが甚だ弱い鋼鉄を除外し、強いはずの物質の強度を例示すると、コンクリートが一六七、大理石二五六、花崗岩五〇八である。曲げ強度は倍数で比較すると、スギは軽合金の一・一倍、漁船の船体などに使われるFRP（繊維強化プラスチック）の一・四倍、アクリルの三・一倍、構造用鋼の三・四倍、硬質塩化ビニールの四・三倍なのである。

木は火事に耐える

物が燃えるための必須条件は温度が上ることと酸素が供給されることとである。木材はなかなか熱くならず、かつ熱の内部への伝わり方が遅い。そして燃えても表面に炭化層ができて内部への酸素の侵入を抑える。だから木は燃えるが火事にはよく耐える。一九八六年実施の実大火災実験でも二階の床に当たる一階の木の天井を一時間燃やし続けていたのに階上に燃えぬけなかったのは、この「表面が焦げるだけ」の木の特性のおかげであった。

よく使われている五×一〇cm断面の鋼鉄の梁《はり》と同寸法のアルミニウムの梁とで重量物をのせた荷載加熱実験をした結果、鋼鉄の梁は五分たつと強度が半減してしまい、一〇分後には二割以下の強度しか残っていなかった。だから鋼鉄製を梁にした二階建て住宅の場合、火事になると二階部分が短時間で崩落する。アルミニウムの梁にいたっては火災が発生して数分で正体がなくなる。ところが木材は温度が上がってもほとんど軟化しない特性がある。だから住宅等建物を新築する場合は木の梁にしておくことがはるかに安全なのである。

まして容易に軟化・変形するアルミサッシは火災において非常に危険である。変形するとガラスが割れて外部から空気が屋内に激しく流れ込むので一瞬にして爆発的に炎上する。したがってアルミサッシが一般的な国は日本以外に例が少ない。ドイツ、スイス、オーストリアの住宅にいたっては集合高層住宅でも木製窓枠である。

木は長持ちする

遺跡ではなく現に使用されている世界最古の建築物は飛鳥時代に建てられた法隆寺である。法隆寺は周知のように木造である。木材の強度の経年変化はどうかというと、伐採後から強度が増していき、極大値に達すると徐々に強度が減少していって、長い年月を経てもとの伐採時の強度にまで戻る。勿論これは腐らない場合のことだが、木が腐るのは腐朽菌が付くからだ。したがって水管理をきちんと行えば木材は大変長持ちする。そのよい例がピラミッドの中のミイラの棺で、四〇〇〇年たった今でも新品同様である。

それに対して鉄は長持ちしない。例えば簡単に錆《さ》びるから短期間で錆の塊になってしまう。だから鉄筋コンクリートも脆《もろ》い。コンクリートはアルカリ性なので鉄が錆びるのをある程度抑制するが、しかし、大気中の硫黄酸化物が水と結合してできる硫酸で中和されて硫酸に対する抵抗力を失い、割れ目から浸み込む酸性の水で溶けていき、老化が促進される。さらに内部の鉄筋が酸性の水によって錆びる。錆びると鉄筋は膨張するからコンクリートを破壊する。だから鉄筋コンクリート造りのビルやマンションは簡単に廃屋となるのだ。そこで、木を保護材として鉄を包んでやる工法が生まれたのだ。これなら建築部材として耐久性がある。

3　木材の新用途

集成材——「木を超える木」

このような長所から大面積高層建造物は木材で建築することが賢明である。なおも付言すると、重い素材で高層建造物を建てようとすると自重で崩壊するので建築できる高さに限度があるが、木は軽いので高い建造物を古い技術でも建てられる。寺院の五重塔、七重塔がその好例である。

ただ木材＝樹木は無限に太く長くはならない。そこで登場したのが「集成材」である。集成材とは薄く短い板をつなぎ合わせた「ラミナ」を積層して接着したものである。その結果、断面寸法も形状も自由な長大材が製造できる。例えば、一九三四年には南ドイツ・ミュンヘン郊外のイスマニングに高さ一六四ｍの放送塔が集成材で建造された。日本でも消防法・建築基準法が改正されたなら、今の技術でも二〇〇ｍ級の超高層ビルが集成材で建築可能だ。事実、住友林業が二〇四一年の事業として高さ三五〇ｍの超々高層ビルの建築を計画している。これは大阪・阿倍野の「あべのハルカス」をはじめ現存するどの非木質系超高層ビルよりもはるかに高い。構造部分に使われる木材の比率は約九割で、大部分は集成材である。

しかも集成材は木の持つ自然の美しさや温かさをそのまま保っているだけではなく、「無垢《むく》材」

すなわち天然木には無い多くの長所を持っているので、「木を超える木」といわれている。とりわけ近年開発された「ＣＬＴ」、つまりラミナを繊維方向が直交するように積層接着した直交集成材が大いに注目されていて、現在でもすでに多用されている。こうした集成材の代表的な長所を列記する。

i　充分に乾燥され、死に節等の欠点を除去した、しかもあらかじめ性質のわかったラミナを集成する材だから強度や剛性の材ごとのばらつきが極めて少い、安定した材が得られる。

ii　ラミナは事前に乾燥されてから積層接着されるので、無乾燥の無垢材のような割れ、狂い等が無い。そして寸法変化がほとんど無いから寸法精度も高い。

iii　ラミナの構成によって目的に応じた断面の材、任意の長さの材、直材だけではなくアーチ等自由な形状の材が得られる。

iv　そして軽くて丈夫だから超大面積・超高層建造物が建てられる。

v　おまけに耐久期間が非木質系素材に比して抜群に長い。

vi　こうした材が小径木からは勿論、現在は端材、さらには廃材扱いされている材からも得られる。

ただし接着力の経年劣化については集成材使用の歴史が浅いため今後の研究課題である。もっとも筆者はこの点で楽観的である。なぜならイスマニングの放送塔がバイエルン州の激しい降水、

強い紫外線、昼夜の大きい気温差等にも耐えて二〇一〇年に解体されるまでの七六年間長らく健在だったからである。しかも当時と比べて今日の接着剤は性能がはるかに高い。まして今後は人間親和性を含む性能のより高い接着剤が開発されるだろう。とはいえ筆者がより望むのは集成材に匹敵する品質・性能の無垢材であり、石油化学製品等の地下資源由来の物質を超えた無垢材である。それを可能にする何よりの術《すべ》は後述するところの徹底した木材乾燥であろう。参考までに紹介すると、近世バイエルンには長さ約三〇㎞の無垢材による液化岩塩流送パイプがあったのだ。

化学産業のマテリアル

実は外材輸入の主力の一つはチップである。二〇一六年の自給率は七・三％にすぎない（二〇一七年度『林業白書』）。だから外材チップを国産のそれに代替すると、国産材には大きな需要と多額の付加価値が待っている。とりわけチップの新規化学産業マテリアル化である。そしてチップの需要拡大は木材利用の飛躍的集約化なのだ。

周知のようにチップは木質バイオマスの異名である。現在では木質バイオマスを専ら燃料としてのみ通念しているが、実は化学産業のマテリアルとしても甚だ有望な物質である。それほど地下資源超克は現実味を帯びている。二〇一七年度の『林業白書』はこうした事情を要領よくまとめているので引用する。

「木質バイオマスのマテリアル利用に向けては、化石資源由来の既存製品等からバイオマス由来の製品等への代替を進めるため、バイオマスを汎用性のある有用な化学物質に分解・変換する技術や用途に応じてこれらの物質から高分子化合物を再合成する技術、これらの物質を原料とした具体的な製品の開発が重要とされている」

勿論、全くの新物質だから解決すべき課題が多くある。しかしこの方面の技術革新は着々と進んでいる。例えば長年木と付き合ってきた紙パルプ産業は木のマテリアル化に係る知見が豊富である。とりわけ木の主成分であるセルロースの新技術開発は紙パルプ産業に期待がかかる。そこで、そのセルロース由来の物質の特性と用途の代表例を紹介しよう。

セルロースをナノ（一〇億分の一ｍ）レベルまでほぐしてつくる「ＣＮＦ」は軽量（鋼鉄の五分の一）かつ高強度（鋼鉄の五倍）で膨張・収縮しにくく、ガスバリア性が高く、透明で薄く、折りたためるなどの特性を持つからさまざまな用途で実用化されており、また今後さらに広い用途が現在でもある。例えば透明フィルム、高機能フィルター、ディスプレー、自動車の部材、船舶の部材、航空機の部材、建材、ガラスの代替品、プラスチックの代替品、防弾・防刃ベスト、ヘルメット、太陽電池、化粧品、消臭機能を利用した大人用おむつ等である。

木は炭素の塊

木は見方によっては炭素の塊である。これを活かすと、カーボンファイバーやカーボンナノチューブのマテリアルという最先端素材が製造できる。

カーボンファイバーは強度（鋼鉄の一〇倍）、軽量（鋼鉄の四分の一）、耐摩耗性、耐熱性、耐酸性、高電導性等の特性があるので、実に広い用途がある。例えば人工衛星、ロケット、航空機、自動車のブレーキ・クラッチ、電子機器、大型板ガラスの代替品、工業用ロボット、武具、ラケット、釣竿、印刷用フィルム等である。

カーボンナノチューブも強度（鋼鉄の二〇倍）、軽量（アルミニウムの二分の一）、硬度（ダイヤモンドの二倍）、高電導性、熱伝導性等に優れているので、これもまた広い用途がある。例えば防弾・防刃ベスト、ヘルメット、半導体、集積回路、燃料電池、光学機器、超高層ビル、長大橋梁、自動車、船舶、航空機等である。

廃棄物から新マテリアルへ

セルロースと並んで木材の主要成分はリグニンである。実はリグニンは紙パルプ産業にとって不要なやっかいものであった。だからかつては垂れ流して公害の原因物質となっていた。しかしリグニンは炭素の塊であり、大きな将来性があるのだ。有用化できれば、長年リグニンに苦悩し

てきた紙パルプ産業の新たな地平が拓《ひら》かれる。このリグニンのマテリアル化についても、二〇一七年度『林業白書』は要領よくまとめている。

「リグニンについても、木材の主要成分の一つであり、高強度、耐熱性、耐薬品性等の特性を有する高付加価値材料への展開が期待される樹脂素材である。これまでも木材パルプを製造する際に抽出されていたものの、その化学構造があまりにも多様であることが工業材料としての利用を阻んできた。現在、国立研究開発法人森林研究・整備機構森林総合研究所等において、化学構造がある程度一定な『改質リグニン』の開発が行われており、安全性の高い薬剤を使用するなど地域への導入を見据えた改質リグニンの製造システムの開発とともに、電子基板やタッチセンサーへの展開が可能なハイブリッド膜、防水性能が高い排水管シーリング材など改質リグニンの用途開発が進んでいる。改質リグニンの開発に当たっては、［日本の主要樹種である］スギのリグニンが、［生育していた］地域や［樹木の］部位のばらつきが少なく、工業として適していることが明らかになっている」

＊1――筆者は「自然破壊」という捉え方をしない。自然は破壊されず、単に存在形態を変えるのみである。「自然破壊」といわれる環境の状態では人間は生きていられない。そしてそのような状態に環境を変化させたのは人間自身である。したがって「自然破壊」とは人間にとって外在的な他者の破壊ではなく、「自然破壊」という様相での人間の自死なのだ。なお、こうした発想の基層は、「人間とは人間という主体とその生物的・非生物的環境との相互作用関係」という認識である。つまり人間をあくまでも関係概念と把握するのである。したがって狭義の人間も「社会的諸関係のアンサンブル」と理解する。

＊2――森林が農業の場でもあることは、すでに古くから「アグロフォレストリー」（農林生産複合）が確立されていることからも容易に理解できよう。そしてこの生産方式は、世界的な森林減少の約八割が農地への転用であるのが現状だから、森林の持続可能な利用にとって重い意義を持つ。

第2章
日本林業の基本問題と基本対策

1　日本林業はこれから伸びる

恵まれた環境にありながら

日本林業を取り巻く環境は、占有率六八・九％の外材[*1]を圧倒すれば国産材には桁違いの大きな需要が新生するなど、木材需要は従来型の用途においてすら旺盛である。こうした内需のみならず外需も忘れてはならない。森林は世界的にいうと不足資源である。それに対して木材利用が先進国ではますます増大していく。発展途上国でも社会の近代化によって「木の価値」が発見されるのだ。だから国産材の品質・性能が外材を圧倒するようになれば、国産材は有力な国際商品になるのだ。その上に前章で紹介したように、木材の前途洋々たる新規用途が日本林業の活性化を後押しする。

ところが日本林業関係者は、これほど恵まれた環境にありながら、林業を取り巻く環境は厳しいという。前章で紹介したように明るい展望を述べ、日本林業の混迷の原因を林業自体の構造的問題にあるとする林野庁までが「我が国は今後、急速な高齢化と人口減少が進むと推計されており、既存の用途における木材需要の大幅な増加を見込むことが困難な情勢にある」（二〇一七年度『林業白書』）と現状を認識する。だから世論もこうした林業界の共同幻想に影響される。日

頃から森林林業問題に並々ならぬ関心を寄せる朝日新聞も「外国産の安価な木材に押され、山林経営は低迷。山々は荒れた」と二〇一九年二月二一日付「天声人語」に語らせる。

この恵まれた環境と現状認識とのズレが日本林業の病理の端的な症状なのである。しかし日本林業の衰弱の原因はあくまでも林業それ自身に内在しているのであって、環境・状況といった外在的なものに求めてはならない。だから衰弱からの起死回生方策を発見するためには先ず日本林業の病理の確認から始めねばならない。そこで主に最近の『林業白書』と筆者の体験とに拠《よ》って、日本林業の現状を分析した上で講ずべき方策を提案する。その際、当然のことながら、林野庁の施策の批判をも併せて行わざるをえない。しかし林野庁をはじめ日本林業総体に対する筆者の批判にはポジティヴな提案を含蓄させたつもりである。

「循環的林業」の破綻

日本林業は今、奇妙とも深刻ともいえる事態にある。だから前代未聞の異常事態なのだ。日本の森林は成熟に達したものが絶対的にも相対的にも充分すぎるほど存在している。蓄積（森林の総材積）は豊富だし成長量も見事である。だから「植える時代から伐る時代へ」との声も林野庁筋から聞こえるほどだ。森林は世界的には減少傾向にあって、「年平均で三三一万ha減少している」（二〇一七年度『林業白書』）。つまり二〇一七年三月三一日現在の日本の森林（竹林を除く）

面積二四八八万ha分が七年強で消滅する計算になる。「近年の森林減少の約八割が農地への転用に起因する」（同）上に、過伐乱伐や略奪伐採に近い違法伐採も問題である。だから具体的には森林の維持、できれば増大を意味する「持続可能な林業」が国際的悲願となっていることからすると、なんとも〝贅沢《ぜいたく》な〟状態である。ところがこの蓄積等の増大は、後で述べる日本林業の衰弱による森林伐採の手控えという無為の結果なのだから、この〝贅沢さ〟は仇花《あだばな》でしかない。

　ところでその「林業」とは何であろう。日本での常識的な「林業」概念を二〇一六年度『林業白書』は要領よくまとめている。「林業は、森林資源を『植える→育てる→使う→植える』というサイクルの中で循環利用し、継続的に木材等の林産物を生産する産業である」

　これは「循環的林業」と言い換えられる。そしてこの循環的林業が破綻しているのだ。それは常識的な意味での循環の破綻、つまり伐採過剰ではなく、伐採不足による循環の破綻なのである。林野庁の定義でいう「使う」つまりは伐採という環の欠落に近い減衰によって「サイクル」は破綻したのだ。

「主伐期[*2]にある人工林の最近五年間の平均成長量を推計すると、年間で約四八〇〇万㎥程度と見込むことができる。主伐による丸太の供給量は……二〇一五年度でも一六七九万㎥である。これは、主伐期にある人工林の成長量と比較すると四割以下の水準」なのだ（二〇一七年度『林業白書』）。

「また、森林全体の総成長量（約七〇〇〇万㎥）と木材の供給量（二七一四万㎥）には更なる乖離」がある（同）。

いずれにしても「超持続可能な林業」状態に日本林業はある。そこで林野庁はオーストリアでは「蓄積増加量に対する木材生産量の割合が日本に比べて非常に高くなっている」ことを羨望の眼で見るのだ（同）。これもまた世界的には伐採過剰が問題になっている今日にあって、実に〝贅沢な〟羨望ではないか。

伐採収入より高い造林経費

こうした成長量と伐採量との甚だしい乖離がなぜ生じるかというと、原因は「販売収入に比して育林経費が高くなっている」からだ。「五〇年生のスギ人工林の主伐を行った場合の木材収入は、二〇一七年の山元立木価格に基づいて試算すると、九〇万円／haとなる。これに対して、スギ人工林において、五〇年生までの造林および保育にかかる経費は、『二〇一三年度林業経営統計調査報告』によると、一一四万円／haから二四五万円／haまでとなっている。このうち約九割が植栽から一〇年間に必要となっており、初期段階での育林経費[*3]の占める割合が高い」（二〇一七年度『林業白書』）。循環的林業では伐採すると跡地に造林し保育しなければならないが、それを行えば見ての通り多額の赤字が発生してしまう。

だから森林所有者は伐採を手控えるのだ。七・〇％の「伐期に達した森林を持たない」者を含めた森林所有者の意識を聴くと「伐期に達した山林はあるが主伐を実施する予定はない」者が六〇・〇％もいる。そして「林業経営の規模を縮小したい」が七・三％、さらには「林業経営をやめたい」が六・五％いる（同）。つまり森林所有者の七三・八％が林業経営に甚だ後ろ向きなのである。

かくして伐採→造林→保育→伐採→再造林→保育→伐採という循環的林業は破綻した。林野庁もまたそれを認めた。「山元立木価格も低迷を続けている。山元の利益が十分に確保されない中、再造林費用を確保することが難しく、循環的な林業を実現できる状況には至っていない」（同）。とすれば林業自体の廃業か、でなければ略奪林業への堕落かという瀬戸際に日本は立たされているわけだ。つまり日本林業は存亡の危機にあることを、そしてその主要原因が立木価格の低さにあることを林業の主務官庁である林野庁が認めており、しかもその解決策を見出せないで、ただ呆然としているだけだ。「いや、我々は解決策を持っている。それが『新たな森林管理システム』である」と林野庁は反論しよう。しかし後に詳述するように、これはあまりにも難点が多くて実質的には現状打開の戦略・戦術とはなっていない。そこで危機の直接的原因である立木価格問題を筆者なりに検討してみよう。

立木価格の異常な低さ

二〇一七年度の『林業白書』によると二〇一七年三月末現在の一㎥当たり樹種別の山元立木価格はスギが二八八一円、ヒノキが六二〇〇円、マツが三八五六円で、ピーク時である一九八〇年の価格と比較すればスギは一四％、ヒノキが一九％、マツが二三％というすさまじさである。*4 しかもこの間の一般物価の値上がり分を勘案すればこの値下がりは数値以上に林業に与える打撃は大きい。とりわけ日本林業の主力であるスギの価格が最も安く、値下がり率も一番大きいことは由々しき事態である。

日本とオーストリアとの立木価格の比較

そこでオーストリアとの比較で立木価格の低さのメカニズムを探ってみる。オーストリアを比較対象とする理由は地形が日本と似ているからである。アルプスをかかえるオーストリアもまた日本と同様に急峻《きゅうしゅん》な山岳が多い。したがってその林業もまた多分に「山岳林業」たらざるをえない。とりわけチロル州をはじめとする西部とシュタイアーマルク州をはじめとする南部がそうである。そこでオーストリアでは大面積皆伐が禁止されていて、皆伐面積は二haを超えてはならないという厳しさである。

こうした山岳林業と許容伐採面積の狭さは「伐採運材コストが割高になるから、それだけでも

山元立木価格を押し下げる根拠に充分なり、だから皆伐後の造林・再造林の意欲を減殺させる」——これが日本における常識である。ではオーストリアの立木価格は低いか。

二〇一七年度『林業白書』によって日本とオーストリアとの立木価格を比較しよう。比較のために前提条件を等しくする。樹種では日本における人工造林の代表的樹種スギとし、オーストリアのそれは同じく代表的人工造林樹種ヨーロッパトウヒとする。そして一㎥当たり丸太価格も日本の価格約一万三〇〇〇円にヨーロッパトウヒの丸太価格を揃える。

するとオーストリア立木価格は約八〇〇〇円、すなわち丸太価格に占める立木価格の割合は約六二％であるのに対して、スギは約三〇〇〇円弱、つまり約二三％であるにすぎない。要するにオーストリアでは伐出コスト、運材コストおよび流通コストが低いのに対して、日本ではそれらが高いのである。つまり「日本では森林所有者に支払われる立木価格が低く抑えられることによって、伐出コスト及び運材コスト差を埋めている」（同）。だから低立木価格の原因は急峻な地形でもなければ伐採面積の狭さでもない。そうではなくて、要するに立木価格への皺寄せなのである。したがって後に見る「新たな森林管理システム」（以下、「新システム」と略記）が林業経営の「集積」「集約化」[*5]によって立木価格を上げようとすることは的外れなのだ。

オーストリアでは、こうした伐採・運材経費と立木価格の関係にあるから、「森林の総蓄積は日本の四分の一であり、二haを超える皆伐が禁止されているにもかかわらず、日本の木材供給量

の約六割に相当する年間約一八〇〇万㎥の丸太を生産しており、蓄積増加量に対する木材生産量の割合が日本に比べて非常に高くなっている。また、オーストリアでは、二〇一〇年までの四〇年間で森林面積が約三〇万ha増加している。……林業の利回りの高さから森林所有者による林業への意欲が高まっていると考えられる」と『林業白書』自身が認識しているではないか。

2　林政が目指す方向とは

林野庁の対策

こうした日本における立木価格への皺寄せを打開する対策として林野庁が打ち出しているものは実は打開策とはならない。林野庁がいう打開策とは次のものである。

「林業経営を効率化させ、伐出コスト、運材コストを下げることができれば、立木価格を上昇させることにもなり、森林所有者に収益を還元することで再造林を促し、循環的な林業や山村地域の活性化につなげることができる」（二〇一七年度『林業白書』）

これは驚くべき事実誤認でなければ、呆《あき》れるほどの楽観である。

第一に、これは丸太価格が不変であることを前提としている。しかし木材市場が熾烈《しれつ》な競争状態にあることを考えると、伐出運材業者はコスト下落分を彼らの価格的競争力を強化すべく丸太

価格の値下げをすること必定である。そして値下げ分を立木価格の値下げに転嫁することは間違いない。したがって目下林野庁が推進している造林の低コスト化は森林所有者への利益還元にはならずに、逆に一層の立木価格への皺寄せの動機付けとなろう。

第二に、「コスト下落分を立木価格の上乗せに回せ」と迫るだけの価格決定力を森林所有者が持たないことはこの『林業白書』で林野庁自身「供給側が価格決定力を有することもできない」と明言しているではないか。

第三に、林野庁が考えている「育林コストの低減」とは「伐採と造林の一貫作業システムの導入、コンテナ苗や成長に優れた苗木の活用、低密度での植栽等」である。このうち「伐採と造林の一貫作業」はかつて赤字に陥った国有林が経費削減のために行って失敗した「先行地拵《じごしら》え」の二番煎《せん》じでしかない。そして「低密度植栽」は「下草が繁茂しやすくなることや、下枝の枯れ上がりが遅くなって完満な木材が得られなくなるおそれがあることなど」と逆効果であることを『林業白書』自身が認めている。かりに育林コストが低減するとしても、この程度の低減が造林経費と伐採収入との大きな差を埋められるとは思えない。まして「循環的な林業や山村地域の活性化につなげることができる」（同）はずがない。

第四に、逆説的だが高立木価格が伐採・運材の経費を減少させ、その生産性を高める。なぜならば立木価格への皺寄せが困難であれば、必然的に素材業者自身の事業においてコスト削減・生

産性向上に努めざるをえないからだ。[*6] 現状は低立木価格が彼らを甘えさせるのである。オーストリアの実情を見ればよい。

高立木価格でも「伐り控え」

「国産材は価格面でも伸び悩んでいる状況」の原因を二〇一七年度『林業白書』はあいも変わらず国産材供給が「小規模・分散であるため」として、そのことによる「スポット的な供給」に求めている。

しかし高価商品にも廉価商品にもスポット的な供給をしている例が沢山ある上に、そもそも高立木価格状況で大小の森林所有者が我が世の春を謳歌していた時代においても、我が国の林業は今と変わらず林分も生産も小規模・分散的であったし、供給もスポット的であったではないか。だから林野庁が説く因果関係は事実誤認に基づくものである。

いや、それ以上の問題があった。すなわち立木価格の上昇による木材供給量の抑制だ。一般産業の企業は利潤追求を経営の至上命題とする。だから生産する商品の価格が上昇すると生産量＝供給量を増加させ、価格が下落すると減少させる。かくして需給関係が商品経済的に調整されるのだ。ところが林業経営は事業収益を家計費に回すことが常態である。すると立木価格が上昇すれば供給量はその分減少する。[*7] 時はおりしも「木材価格の独歩高」[*8] 状態だから国民経済は木材供

給の特段の増大を切望していた。しかし林業はこの要望と正反対の行動をした。だから世論は「山持ちの伐り惜しみ」と非難した。これが当時の日本林業の「基本問題」であり、その「基本対策」の綱領として林業基本法が一九六四年七月九日に立法されたのである。ちなみにその解説書が林野庁の全面的支援のもとに執筆された倉沢博編著『林業基本法の理解』(日本林業調査会、一九六五)だ。

しかも大規模森林所有ほどこうした行動様式をとるとされた。だから大規模森林所有は「資産保持的」と非難されて、価格が上がれば生産量を増加する「企業的経営」への変身を促されていた。さもないと「第三次農地改革」とでもいうべき「林地解放」が行われるぞ、との風聞さえ流された。[*9] この脅迫からも知りうるように、大規模所有は日本林業の主役の地位から転落して、従来の通念とは逆に小規模所有が「家族経営的林業」として日本の担い手とされたのである。[*10] こうした所有規模間の対立構図を当時は「構造問題」とされたのであった。「資源政策から産業政策へ」を基本スローガンとする「基本法林政」は①大規模所有の経営形態の整備と近代化・計画化、②家族経営的林業の育成と規模拡大、③森林組合の協同組合化を三本柱とし、あわせて従来の林政が無視に近いほど軽視した素材生産業の重視に施策を軌道修正し、構造問題の一環として素材生産業の体質改善と強化を打ち出した。それには森林組合による素材生産の受託事業化を含めた。そして「構造改善」を実現するために国家は林業経営への積極的介入を期したのである。後に詳

述する「新システム」を先取りした観なきにしもあらずの「構造改善」施策は、しかし「新システム」と違って、長期の大掛かりな準備作業を行ったにもかかわらず、産業政策への転換とその内実である三本柱施策ならびに素材生産対策は不成功に終わった。つまり林業の構造改善を為すことなく、結局はいたずらに森林組合の補助金依存体質を強化しただけであった。要するにこの種の発想の施策がいかに有効性を欠くかを明示したのである。

「新たな森林管理システム」の概要

二〇一七年度『林業白書』は『白書』の目玉に当てることを恒例とする第Ⅰ章で「新システム」を全面展開しているから、それが今後の林政の主軸になって、日本林業の現在の危機的状態を打開する基本施策とされるのである。だから、以下、この「新システム」を検討しよう。

先ず林野庁は日本林業の構造的問題をどのように把握しているのであろうか。

林野庁が『林業白書』を国会に提出する際、国会議員の理解を容易にするため本文と共に議員に配布する附属文書が『林業白書・概要』（以下『概要』と略記）である。だから同文書は林野庁の現状認識が簡潔にまとめられている。二〇一七年度『概要』によると、「我が国林業の構造的な課題」は以下のものと林野庁は理解しているのである。

「我が国の林業は、森林資源が十分に活用されていない現状にあり、これは、森林所有者の現状

を維持したいとの意向や主伐、再造林、保育といった循環的な経営を行う意欲が低いことと林業経営者の規模拡大指向とのミスマッチ、路網整備や高性能林業機械の導入が進んでいないこと等が原因。これらの課題は海外との比較により、より具体化。これらの課題を解決するために、新たな森林管理システムの構築が必要」

これからわかることは伐採量の増加を「新システム」の主題としていることである。この二〇一七年度『林業白書』は「戦後造成された人工林が資源として成熟し、今後は間伐とともに主伐を積極的に進めていくことが必要となる」といっている。かつては「伐り惜しみ」がそうとしたものが、昨今では「伐り控え」が日本林業の構造問題だというのである。そこで林野庁は伐採を促進するために、「高い生産性や収益性を有することや主伐後の再造林の実施体制を有するなど林業生産活動の継続性を確保できることといった、効率的かつ安定的な林業経営を実現できることなどが、意欲と能力のある林業経営者に求められている」というその林業経営者を「新システム」の担い手とした。具体的には「森林組合や素材生産者、自伐林家」の三類型である。森林組合は素材生産事業を主な収入源の一つとしている。自伐林家はその名の通り伐採を本業としている。素材生産者はいうまでもない。だから「林業経営者」の三類型は全員が森林伐採事業者なのである。

「新システム」施策を今の林野庁が採る理由を見ると、それは次のようなものである。

「これまで、我が国の森林・林業に関する施策においては、森林所有者の自発的な施業を国や都道府県が支援するという仕組みをとってきた。しかし、森林所有者の多くが経営規模を拡大する意欲や所有意思等が低くなり、路網整備や施業の集約化など積極的な経営や適切な管理を期待できない状況がみられる」。さらには「意欲と能力のある林業経営者が十分に育たない状態である」（二〇一七年度『林業白書』）。つまり「積極的な経営や適切な管理」の担い手不在に近い状態なので、だから国家（国と地方公共団体）がいうなれば担い手代行となって林業に直接介入するという、営林の「助長行政」から「直営行政」への政策基調のまことにラディカルな転換なのである。

より具体的にいうと、「新システム」は国家が森林業者を「所有森林において主伐、再造林、保育といった循環的な経営を行う意欲の低い森林所有者」と「まとまった規模の林業経営を持続していくことのできる、意欲と能力のある林業経営者」とに二分して、「適切な経営がなされていない森林を意欲と能力のある林業経営者に集積・集約化するための新たな仕組みの構築」を行うこととする。そして「自然的条件が悪く、林業経営が成り立たない森林を、積極的な経営の意思を有していない森林所有者に任せているのでは、適切な経営管理がなされずに森林の有する公益的機能の発揮に支障を来たしてしまうことになる。このため、新たな森林管理システムでは、このような林業経営が成り立たない森林は、市町村による公的管理により適切な施業を実施して

いく必要がある。この際には、間伐を繰り返したり、育成単層林[*11]として維持するのではなく、管理コストの小さくなるよう、育成複層林等[*12]への転換を進めることが望ましい」（同）。このように施業方式まで指導するほど懇切な「直営行政」である。

この「意欲と能力のある経営者」に林業経営を受託させる手順は、第一段階として「森林所有者が自ら所有する森林について経営管理すべき責任があることを明確化する」。第二段階は「森林所有者や林業経営者に一番近い公的な存在である市町村が森林所有者の意向を確認する」。第三段階は「森林所有者が自ら経営管理できない場合には、所有している森林の経営管理に必要な権利を森林所有者が市町村に委ねる」。第四段階は市町村が「意欲と能力のある林業経営者」に再委託して「一定期間林業経営を委ねる」。つまり「林業経営に適した森林」を、意欲と能力のある林業経営者に任せ、森林の経営管理を集積・集約させる。第五段階は自然的条件から林業経営に適さない森林の管理を引き続き市町村が担当する。この手順は単純に見えて実は複雑であって、市町村にも重い任務を課しているのだ。

「新たな森林管理システム」批判

この新林政の基軸である施策には幾多の難点がある。その主なものを列記しよう。

第一に、国家が直接介入をせざるをえない現状とはいかなる状態かというと、それは要するに

①立木価格が異常なほど安価であること、②そのような安価な立木価格に比した造林経費は桁違いに高いこと、③とりわけ素材価格に占める立木価格の割合がオーストリアでは約六二%であるのに対して日本では約二三%と極端に低いこと、④そこで森林所有者は造林を躊躇《ちゅうちょ》すること、⑤すると「循環的林業」なら伐採の後には必ず造林をしなければならないので、④の事態から伐採が低調になる。これを林野庁は「意欲の低い森林所有者」というのだ。

二〇一七年度『林業白書』も認めるこのような現状を「新システム」が新たな林業の担い手と期待する「まとまった規模の林業経営を持続していくことのできる、意欲と能力のある林業経営者」すなわち意欲と能力のある「森林組合・自伐林家・素材生産事業者」が打開できるという根拠をこの『林業白書』はなんら説明していない。つまり日本林業の危機的状態を打開することが「新システム」の根本目的であるが、この施策なら目的が達成できるという根拠を林野庁は説かないのだ。直截《ちょくせつ》にいって、この施策なら立木価格を特段に上昇させて伐採を活発化させる、とはいわない。

第二に、「新システム」はこの問題状況の打開から逃避して一足飛びに伐採量の過少を基本問題とする。だから伐採量増大を第一の政策課題とするのだ。「伐採第一主義政策」を採らざるをえない理由としての現状認識は、「主伐期にある人工林は年間成長量の四割以下しか活用されていない状況である」(同)。これへの対策は端的にいって素材生産量の増大に資する施策の展開な

のだ。すなわち「戦後造成された人工林が資源として成熟し、今後は間伐とともに主伐を積極的に進めていくことが必要となる中、素材生産コストの一層の削減による林業の収益性の向上が急務となっている」（同）。これはつまり従来の政策の柱である「森林整備事業」が具体的には間伐の促進であったものが、「新システム」は主伐重点主義へ政策の基調を転換するのである。なぜなら林野庁のいう間伐は「保育間伐」こと「伐り捨て間伐」すなわち「劣勢木間伐」だから伐採量が少ないので素材生産量増大に資さない上に、コストが割高だ。こうした「森林整備事業」の乗り越えを期する「新システム」が狙う主伐の方式は当然ながらスケールメリットを活かした大面積皆伐である。このことのためにこそ伐採量増大の「意欲と能力のある林業経営者に森林の経営管理を集積・集約化するための新たな仕組みの構築が求められている」（同）。その「新たな仕組み」がこの「新システム」であり、その根拠法の森林経営管理法（二〇一九年四月一日施行）なのだ。

そこには「森林生態系への過度の侵襲である大面積皆伐」という危機意識が微塵《みじん》も無い。ましてそれが「森林の多面的機能発揮」と矛盾することに気付かない。それどころか、そもそも二〇一七年度『林業白書』がその目玉の一つにする「我が国の森林管理をめぐる課題について、欧州の林業国であるオーストリアとの比較を通して明確にする」に大きな紙面を割いていることに反する。なぜなら既述のようにオーストリアでは皆伐面積を厳しく制限していて、上限は二haだ。

これは大面積皆伐の断乎たる否定である。だから「新システム」とオーストリア林政とでは政策基調が明らかに異なるのだ。しかしこの点では「オーストリアとの比較を通して明確にする」ことを『林業白書』は回避している。

第三に、現下の立木伐採収入と造林費の異常なほどの大きなギャップに鑑みれば、いかに「意欲と能力のある林業経営者」といえども赤字経営になりがちだろう。すると「森林所有者、林業従事者の所得向上につながる高い生産性や経済性を有するものであること」と「主伐後の再造林の実施体制を有するなど林業生産活動の継続性を確保できるなど、効率的かつ安定的な林業経営を実現できること」という二つの構成要件（同）を共に満足できる「林業経営の主体」が果たして何体いると林野庁は予測しているのか。

第四に、自然的条件に照らして「林業経営に適さない森林」と「林業経営に適する森林」とに区分しているが、現場において両森林の間を具体的に線引きできるのか。しかも林業専任職員の甚だしい不足である。だから敢えて線引きしようとするならば、林野庁が通達する客観的根拠なき「基準」に依拠せざるをえまい。これは「新システム」が建前とする市町村主体化の放棄である。

第五に、「経営の意欲が低い」とはどういう状態をいうのか。実はその正確な概念規定は不可能である。林野庁はよく「森林所有者の多くは小規模零細で経営規模を拡大する意欲等が低く、

積極的経営を期待できない」という。そしてこの「小規模零細所有者」をこそ林野庁は「意欲と能力のある林業経営者」のもとに経営管理を集積・集約化したいのであるが、しかしこの一文は「経営の意欲が低い」とは何かの概念規定とはいえない。「規模拡大の意欲が低い者」でも、小規模であっても現在の規模が当該所有者にとって適正規模というケースがある。それをも「積極的な林業経営への意欲が低い者」に包摂することは不当である。つまり多分に小規模な「自伐林家」を「新システム」がその担い手の一人としていることとの整合性が問われる。

林野庁は森林所有者の六〇％もいるとする「伐期に達した山林はあるが主伐を実施する予定はない者」を意欲の低い者としているようだが、熟期の無い林木に伐期を決定することはナンセンスであり、それを敢えて行えば第3章でやや詳述するように神学論争に堕してしまう。その上、現在における「伐採の予定がない」主な動機は、『林業白書』も認める、伐採後の造林経費が主伐木販売収入をオーバーしてしまうが故の「伐り控え」である。そういう心境にあるのは「意欲の低い者」のみではなく、『林業白書』が指摘するように森林所有者一般がそうなのだ。だから「主伐の予定がない」ことと「意欲と能力」の有無や高低とは関係ない。

したがって結局は意欲の有無は市町村の行う確認作業で表明される所有者の意向に頼らざるをえない。しかしイエス・ノーを明確に表明しないのが日本文化である。ましてことは財産の委託に係る重大事であるからには所有者の口は一層重くなりがちだ。たとえ言語明晰《めいせき》であっても意味

不明というケースが少なくなかろう。だから確認作業を行う市町村職員は経営の意欲と能力のある所有者とそれが低い者との選別には途方に暮れてしまうに違いない。かりに植栽後伐期とする五〇年まで「手入れ」をしなかった者と規定すれば「日本林業は無間伐林業だった」という現実に撥《は》ね返されてしまう。だから彼らは選別に係る基準なり準則なりを林野庁に求めるだろう。すると後に詳述するように、「地元主体」という理念に反して現実には林野庁の客観的根拠なき恣《し》意《い》が事態を支配するだろう。これは「新システム」の建前、つまりは森林経営管理法の立法趣旨の見事なまでの破綻である。

第六に、「意欲が低い」者の極致が「経営放置」のようだが、何年間伐採しなければ「経営放置」なのか。繰り返すが林業には「全期間断施業」（間伐をしない主伐のみの施業）が多く見られるし、これはこれで適正な施業の一つなのである。事実、吉野林業（奈良県吉野郡）、北山林業（京都市北区）、京北林業（京都市右京区）といったごくごく少数の例外を除き、日本の林業地・林業経営のほとんどは「無間伐林業」だった。すると林野庁の発想では日本林業の圧倒的多数が「経営放置」となろう。この評価は林業施業の実態を知らない者のみが下しえるのだ。

第七に、経営管理を再受託する林業経営者が域内に不在ならばどうするのかも問題だが、そもそも「新システム」は意欲と能力のある林業経営者（の本拠）の所在地を特定していない。したがって林野庁は域外企業、さらには域外異業種企業の参入を充分想定しているらしい。すると発

展途上国における国外企業による伐採事業と同様な海外企業の参入も予想できる。これは大小さまざまな問題を起こしているが、それでも外国企業の参入を許すのか。この問題を林野庁は慎重に検討したのか。

第八に、「新システム」は「意欲の低い」者を「森林所有者」と呼び、「意欲と能力のある」者を「林業経営者」と名付ける。先に見た林野庁が行った後者の概念規定からすると森林の所有ないし保有は「意欲と能力のある」者の構成要件ではない。しかし自伐林家は小規模といえども森林所有者である。そして二〇一七年度『林業白書』は「製材工場や木材市場等による森林の購入や経営委託など、新たな担い手による林業への参入への動きがみえ始めている」という。しかも現下の事態に対処する「意欲と能力のある」森林所有者も少なくない。だから「新システム」は「森林組合・素材生産者・自伐林家」に加えて彼らを「第四の担い手」とすべきだった。

第九に、「新システム」は「森林所有者自ら森林の経営管理ができない森林の市町村への経営管理権限の集積」を行い、さらには自然的条件が悪くて「林業経営が成り立たない森林は、市町村による公的管理により適切な施業を実施していく必要がある」とする。これほど重くかつ事務的に煩瑣《はんさ》な任務を「新システム」は市町村に負わしている。しかし果たして市町村にそれを遂行するだけのマンパワーがあるだろうか。同林業白書は「一〇〇〇ha以上の私有人工林を有する市町村にあっても、専ら林務を担当する職員が〇～一人の市町村が約四割を占めている」という。

こうした極端なケースでさえ約四割である。だから「施策を展開するための体制が十分でない市町村も多い」と認めている。

その対策なるものは①国や都道府県による支援、②「森林総合監理士（フォレスター）」等の技術者の「地域林政アドバイザー」としての活用、③近隣市町村との共同実施、④都道府県による代替執行である。だが先ずは「フォレスター」等の活用だが、その人数が必要とされる要員数を充足できるのか否かは『林業白書』は沈黙する。そして肝心の市町村プロパーの欠員ないし要員不足という致命的問題の解決策は提示されていない。近隣市町村も同様なマンパワー不足であるケースが充分考えられる。したがって「森林所有者や林業経営者に一番近い公的存在」である市町村を「新システム」実践の主体とした基本態勢は発足以前から破綻しているのであって、従来の例からほとんど自明のことだが、瑣末《さまつ》なことまで林野庁の指導に依拠せざるをえなくなる。つまり実質的には「森林所有者や林業経営者に一番近い公的存在」の反対極である林野庁の直轄事業となる。換言すれば市町村は林野庁の出先機関となってしまう。したがって「新システム」政策は発足した瞬間に瓦解するのだ。そうした事態を避けようとするならば、せめて市町村と同じく地方自治体である都道府県――林野庁よりは地元にとって特段に身近な公的存在である都道府県を「新システム」実施の主役とする方がまだしも現実的であろう。

参考までにここでいかに市町村が林野庁の意向に依存しているかの格好の具体例を紹介する。

それは林地への火入許可業務という極めて単純で簡易な事務の例なのだ。

一九八三年の「第一〇〇回国会において、森林法の火入れの許可は、行政改革の一環として機関委任事務から団体事務に改正され、今後、火入許可事務は市町村の長が地域の実情に即し条例等により進めていくことになりました」（林野庁監修『火入許可業務必携』林野弘済会、一九八四年）と、「新システム」同様、市町村（長）が主役になったのだ。ところが当の「火入れに関する条例」は林野庁の各市町村長宛「通達」によって「準則」が通知され、市町村はそれに従って条例を制定するのである。この「準則」たるや文字通り「箸《はし》の上げ下げ」まで「手とり足とり」に示すもので、各市町村は単に市町村名・年月日・文書番号・施行年月日を記入するだけで一六条、附則、別紙様式第1号（火入許可申請書）、別紙様式第2号（火入許可書）からなる条例が完成するほどの懇切丁寧さである。これが「市町村の長が地域の実情に即し条例等により進めていくこと」の実態なのだ。まして「新システム」が市町村の団体事務と定める業務はこの火入許可に係るものとは比較にならない重くて多岐にわたる事務である。かててくわえて致命的なほどの専任職員不足状態だ。だからいかに多数かつ多岐にわたっての「通達」「課長解釈」「課長補佐（担当班長）指導」「係長説明」等々が林野庁から市町村宛に発せられるかは想像に難くない。

第十に、「現状でも個別に森林所有者の同意や確認が得られれば、林業経営者が林業経営の集

積・集約化を図ることは可能である。しかしながら、森林所有者の所有意識等が低い中、その取り組みは困難さを増している」と『林業白書』はいう。先記したように「新システム」でも森林所有者の経営委託については「市町村が意向を確認する」ことになっている。しかし現状で困難なことが「新システム」なら容易になるのか。この点については『林業白書』は一言も発しないのだ。

果たせるかな第十一に、意向を確認された「意欲も能力もない」森林所有者が「確知不同意」つまり市町村への経営委託を拒否した場合について、林野庁はホームページで「森林所有者の意向を無視して経営管理権を設定するものではありません」というが、同時に森林経営管理法の「確知所有者森林における経営管理集積計画の作成手続の特例」（法第十六条〜第二十三条）を次のように解説している。

「森林の経営管理が行われていないにも関わらず、森林所有者の意思表示がない場合など、森林の多面的機能発揮を行うためにやむを得ず、市町村に経営管理権を設定しなければならない時に措置するものです」

そもそも林野庁は「多面的機能発揮」には「木材等の物質生産」を含めている（例えば二〇一七年度『林業白書』）。とすると、この解説は木材生産機能の発揮を大義名分にして確知不同意者に経営管理権の市町村への委任を強制できると解することができる。しかも林野庁の現状認識で

は大多数の森林所有者が「木材生産の意欲が低い者」なのである。したがって強制委託に該当する森林所有者は少なくはなかろう。もっとも現在の林野庁はそれを意図していないかもしれない。しかし法令というものはえてして当初の立法趣旨から離れて独り歩きするものだ。そして法案提出時の政府の関係国会における趣旨説明、ましてホームページの解説などは司法の判断を拘束しない。だからこの独り歩きの行きつく先が戦前の国家総動員法、さらには強権によって集団化を実現した旧ソ連の農業政策の類いではないことを筆者は祈る。

3 「外材問題」の所在

外材は安くない

外材は国産材よりも安いと日本の林業人はいう。だからマスメディアをはじめ一般世論は「安い外材の大量輸入が日本林業を衰退させ、ために森林は荒廃している」と認識させられている。しかしこれは事実誤認であって、一種の共同幻想というべきである。

二〇一六年度『林業白書』によって二〇一六年の国産材と外材の価格を比較する。「構造材としてスギ正角[*14]（乾燥材）と競争関係にある［ヨーロッパ産］ホワイトウッド［ヨーロッパトウヒ］集成管柱の価格をみると」、一㎥当たり八万一六〇〇円である。それに対して国産材として

は良質の無垢材である乾燥材のスギが一㎥当たり六万五一〇〇円である。外材の方が一万六五〇〇円も高い。外材との競争関係がなくてスギよりも高値で売れるヒノキの乾燥材正角でも八万三〇〇〇円と外材より僅か一四〇〇〇円高いにすぎない。まして一般的製品である無乾燥材価格は外材より大幅に安いのである。にもかかわらず日本の木材自給率（総供給量に占める国産材供給量の割合）は低いのだ。高くても売れるとは外材が非価格的競争において、つまりは使用価値において国産材よりはるかに良質であるからだ。したがって「価値法則の絶対的基礎」により国産材の製品価格は下落する。その結果、丸太価格は低下する。そして丸太価格の低下が立木価格に皺寄せされて、森林の再生産を許さないほどの低い立木価格となっている。だから現在の立木価格の異常な低さの原因を糾明すれば国産材（国産無垢材）の品質と性能の劣悪さに辿り着く。

非常に低い自給率

このことは敢えて再言する。二〇一七年度『林業白書』は「二〇一六年の国産材供給量は、前年比は八・九％増の二七一四万㎥であった」と誇らしげに報告するのだ。では自給率はいくらかと見ると二〇一一年から「六年間連続で上昇」してはいるものの、二〇一六年で三一・一％にすぎないのである。さらにその内訳を見ると肝心の製材用丸太で自給率は僅か一六・九％でしかない。その主たる原因は繰り返すが大部分の国産材の品質・性能が劣悪だからである。その品質・

性能の悪さの最たるものが無乾燥であることだ。

無乾燥材

無乾燥材（無乾燥の無垢材）の根本的難点は割れる、曲がる、黴《か》びる、腐りやすい等々の欠点があることだ。そして、いかに正量取引（実寸法が表示寸法通りの材の取引）を心がける正直な製材業者でも無乾燥材は縮み、曲がるから寸法が大きく変わり、建築部材として完成品に仕立て直した時には必ず「歩切れ品」（実寸法が表示寸法より少ない製品）になってしまう。だから無乾燥材は再言するが無乾燥という一点だけで欠陥商品扱いである。そして国産材中乾燥材の占める割合は甘く見ても[*15]「三六・八％」にすぎない（二〇一七年度『林業白書』）。つまり国産材の過半が欠陥商品扱いなのだ。

市場が見放す無乾燥材

だから林野庁も嘆いてこういう。

「住宅に対して消費者が求める品質水準の高まりやプレカット加工[*16]の進展により、需要者からは、寸法精度、強度等の品質・性能が明確な製品が求められており、乾燥材への需要が高まっている。このような状況の中で、……特に従来から乾燥材の普及への取り組みが遅れたスギなどの国産材

製材品は、木材市場における地位を低下させている」（二〇〇四年度『林業白書』）。
要するに無乾燥材は「商品」としてさほど認められないのだ。そして需要は集成材、とりわけヨーロッパ産集成材に流れる。これが国産材価格と自給率の低さの根本原因なのである。

近代的商品経済以前

我々は近代資本主義経済のもとで生活している。そして近代資本主義経済とは労働力まで商品化しているほどの高度に発達した商品経済であるから、商品とは売れてこそ、つまり需要者に買われてこそ価値となるのである。買われない商品は使用価値ですらないから廃品同然だ。売れない場合のキャベツがトラクターによって踏み潰されている光景がその象徴だ。だから売り手は需要動向を注視してしすぎることはない。つまり需要調査が必須の業務なのだ。さらには自己の商品に対する需要を喚起するために宣伝がこれまた必須の業務である。

商品が近代商品でありえるためにはこうした有形の要件とともに無形の要件をも満足していなければならない。無形的要件とは商品に——結局は売り手に——寄せられる需要者の信頼と安心である。だから商品販売とは信頼と安心を売っているともいえる。したがって商品経済が全面化する近代資本主義は前期資本主義と違って商道徳を堅持しなくてはならないのだ。この商道徳を箴言《しんげん》化すれば近江商人の「売り手よし、買い手よし、世間よし」の「三方よし」であろう。残念

ながら大方の国産材は、品質の劣悪さと「歩切れ」といった、需要者の信頼と安心を損ねる商品であるから、とても「三方よし」とはならない。したがって国産材供給の多くは近代的商品経済以前的なのだ。これが外材優位の一大原因である。

4 「木材革命」が折伏《しゃくぶく》した役物信仰

「優良材」ブーム

日本の場合多くの住宅は和室（畳敷きの間）を持っている。いわゆるマンション等の集合住宅でさえそうである。そこで和室の内装材に係る問題を指摘しよう。無節材は「役物」と呼ばれている。柱角でいえば、四面無節柱、三面無節柱を「上級役物」といい、二面無節柱、一面無節柱、小節柱を「下級役物」と評する。これに対して節柱は「並材」と蔑称されている。当然ながら役物は値が高く、並材は安い。役物でも上級役物は一番高値の商品だった。この価値序列は「外材時代」の到来によって確固たるものになった。そこで林業界では無節材を「優良材」と呼ぶようになる。ただし、この概念規定は間違っている。ある商品が優良であるか否かは需要側が判定することである。したがって例えば需要が節材を欲すれば節材が優良材で、無節材が並材なのである。そして需要が変化すれば何が優良材かも変化する。だから無節材をアプリオリに優良材と決

め込んではならない。ところが日本林業はこの過ちをおかしたのだ。

ところでこの上級役物を頂点とする価格体系は決して古くから普遍的なものだったのではない。それは一九五六年から開始された本格的な外材（米材）輸入の影響が顕著になる一九六五年以降に外材との競合を避けるために、日本林業は競合しない無節材生産に逃避した。[*17] その結果、従来は多元的だった木材の価格序列が上級役物を最高価格物とする価格序列に一元化されたのだ。しかし圧倒的多数の林業地は「優良材」生産に不慣れだった。端的な例を挙げると、無節材生産に不可欠な作業の「枝打ち」が未経験だった。下手な枝打ちを行ったために優良材どころか逆に「ボタン材」（異常変色）や「トビクサレ材」（虫の食害による変色・腐朽）といった欠陥製品を出す始末だ。ましてや、林冠が閉鎖[*18]すると落枝するスギの性質を活用して、立木密度を高めることにより無節材を得るという吉野式スギ無節材生産法は、人材においても資源においても未成熟な後発林業にとって到底模倣する術《すべ》がなかった。そこで需要は無節材生産に手馴れた吉野林業等の先発林業地に殺到した。その結果、吉野等の無節材価格が高騰したのである。かくして「無節材信仰」が生まれ、全国に流布した。

「木材革命」の勃発

ところがこうした生産のあり方、つまりは木材に係る価値観を根底から覆す木材需要の劇的な

変化が生じた。[*19] 昭和から平成への移行期にそれは起こった。上級役物より下級役物に人気が出だした。というよりも、役物より並材が使用価値の高いものとして有力商品化しだしたのである。そのため最高の優良材とされてきた床柱用磨き丸太にいたっては壊滅的な需要の激減に襲われた。

つまり昭和時代後半の日本林業が存立基盤としてきた価値体系の全面崩壊である。ではなぜこうした激変が生じたのか。それはいわゆる洋風化という住宅の様式の変化と施主すなわち住宅発注者の美意識の変化、つまりは価値観の変化が原因なのである。

住宅様式の洋風化

住宅の様式変化とは端的にいって生活の洋風化による和室、つまり畳敷きの間の減少である。厖大《ぼうだい》な件数の住宅建築に融資してきている住宅金融公庫（現住宅金融支援機構）の間取りに係る資料によれば、戸建て住宅であると集合住宅であるとを問わず、圧倒的多数の住宅で和室一室化が生じた。これでは柱を四方、三方から見ることはできない。一面、せいぜい二面が見える程度である。だから役物を使うにしても下級役物で充分ということになる。さらには在来工法による和風建築でさえ、間取り図を見ると和室が皆無である例が少なくない。これなら並材が主役になる。

和室の減少、その極である和室の消滅は部屋の圧倒的多数が、あるいは全室が洋室になったこ

とである。そうすると床材・壁材・天井材についての美意識が自ずと和室のそれとは異なってくる。この洋室的美意識は無節材をありがたがらない。むしろ節を模様と認識しだす。さらには節の有ることが自然物＝無垢材である証しだという価値観が生まれる。無節なら集成材でいくらでもつくれるからである。こうした新たな美意識＝価値観は役物の価値を甚だしく低下させ、さらにはその価値を消滅させたのである。かくして役物と並材との関係が完全に逆転した。床柱にいたっては事態がはるかに悲惨である。すなわち和室であっても床の間が消滅したのである。施主が床の間をつくるスペースがあるならそこを収納部にしたいといいだした。だから磨き丸太に特化した故に超集約的な日本一の優良材産地と評価されていた北山林業は壊滅状態に陥った。

とすれば、為すべきことは並材の質的向上である。ところが役物信仰に凝り固まって並材の質の向上を志して来なかった日本林業は「並材時代」になっても相変わらず並材の質を重視しないのだ。かくして「木材革命」後も圧倒的多数の並材が劣悪なままなら、需要は勢い集成材に向かわざるをえない。かくして「集成材時代」となったのだ。賢明な役物メーカーは「木材革命」に対応して集成材メーカーに転業した。少なからざる今日の集成材トップメーカーたちの出自は優秀な役物メーカーである。

「木材革命」は日本林業の追い風

並材時代の到来は日本林業にとって実は追い風である。「木材革命」＝「並材時代」は高級役物が得意な吉野林業にとってさえ実際は追い風なのだ。なぜかというと、吉野林業といえどもその生産物の多くは並材なのである。まして日本林業の圧倒的多数を占める後発林業の生産物は大部分が並材である。だから演劇に喩えれば「その他大勢」が「主役」になったのだから、本来なら大喜びすべきはずの状況変化なのである。そして外材との競争関係から、並材の品質と性能を集成材並みにすることだ。

しかし未だに頑迷な役物信者である多くの日本林業人は、新状況を「林業を取り巻く環境の悪化」と思うのだ。林野庁ですらそうである。繰り返すが、だから役物全盛時代と同様に、相変わらず並材を軽侮するから、並材の品質と性能に意を注がない。とりわけ先進林業地にその傾向が強い。いや、彼らは事態がなお一層悪化していると思っている。すなわち製材に適した通直《つうちょく》な丸太であるＡ材までが価格低迷を起こして、本来は集成材（のラミナ）向き丸太であるＢ材と同様の扱いになっていると激しく嘆く。二〇一七年度『林業白書』も「品質・性能の面において信頼を得られている集成材が構造材として大きなシェアを占めており、製材の原料となるＡ材であっても、集成材・合板向けとしてＢ材並みの安価な価格で取引される傾向がある」と報告している。

つまりＡ材が集成材の原料として使用されてさえいる。それほど世は「集成材時代」なのであ

る。しかし日本林業人は事の重大さを知らないのだ。そして既述したように日本における代表的製材品のスギ無垢材がヨーロッパ産集成材より非常に安価なのである。したがってA材価格が日本産集成材向きの丸太並みであることは、無垢材である国産製材品の品質と性能がヨーロッパ産集成材より低質であることに起因する。だから現下の低価格を嘆いても仕方ない。日本林業人が為すべきことは、彼らの製材品、とりわけ並材の品質と性能の向上に力点を置くことである。そうすれば製材品価格は自ずと最低でもヨーロッパ産集成材並みになるのだ。するとA材価格も上昇する。残念ながら今の彼らはこの単純な論理に気付いていない。

5　好況時代

干天に慈雨だった外材輸入

戦後復興時の木材供給の不足、木材価格の高騰、悪徳商法の横行を前にして国民経済は非常に困惑し、ついには財界、政界から婦人団体にいたるまで激怒した。それらの状況対応は要するに石油化学製品による木材の代替で、これでもって木材使用を抑制しようとするものだった。例えば一九五四年一一月一二日から国土緑化推進委員会・全国知事会・主婦連合会が共同して門松・クリスマスツリー廃止運動を開始した。大団体にもかかわらず細かいことを運動目的したものだ

が、それだけ事態は深刻であった。そしてついには政府が一九五五年一月二一日に木材使用を抑制するため「木材代替資源の使用促進」を閣議決定する。

そして、ここまで追い込まれた政府はとうとう米材輸入に踏み切った。それ以前の大蔵省（現・財務省）の外貨政策は米ドル獲得が主眼だった。したがって米ドル流出を厳しく規制した。外材輸入が認められたのはその外材を原木にした輸出製品を製造して米ドルを稼ぐ場合のみであった。具体的にいうと対米輸出商品の合板の原料である東南アジア材（いわゆるラワン材）の輸入である。だから米ドルを流出するだけの国内需要向け商品である建築用木材の輸入は許さなかった。しかし、さしもの大蔵省もこうした深刻な木材需給関係を黙過しがたくなって外材輸入に米ドルを割り当てたのであった。一九五六年四月一日、本格的な外材輸入、つまり当時の木材需要に最も適した米材の輸入が解禁された。米材は決して良材ではなかったが贅沢はいえなかった。

要するに完全な売り手市場状態になった日本林業は、後に最強の競争相手となる代替品と輸入材を招き寄せた。もしそれが今日の日本林業の混迷を招いたというなら、過去の栄華が現在の禍根なのである。

そうした心理状態の日本林業人にとっては不幸なことには、本格的外材輸入の効果が直ちに現れた。木材価格の高騰が一九六〇年代前半には鎮静化し、さらには価格下落に逆転したのである。早くも、最初の『林業白書』である一九六五年度の『林業の動向に関する年次報告』が「国産材

と外材との競合性」なる項目を立てたほどである。そこで「諸悪の根源は安い外材の輸入である」との共同幻想が生まれたのだ。

だが、もし事態があのまま推移していたならば、需要者は完全に木材離れをしたであろう。そして需要者を失った産業は消滅するしかない。だから外材輸入は干天に慈雨だった。それによって国民経済も林業も救われたのだ。にもかかわらず、少なくない林業人は今でも「あの頃は良かった。外材輸入を規制してもらいたい」と思ってもおり、口に出してもいる。愚かとしかいいようがない。しかも外材輸入規制が許されるような国際貿易状況ではないことを知らないのだ。

６　「拡大造林」の原罪

「拡大造林」の動機

日本列島は南北に長い。そして山国である。だから水平方向にも垂直方向にも亜熱帯から亜寒帯にまで及ぶ。日本列島は東に太平洋、西に日本海があり、さらに西にはユーラシア大陸の東辺が迫る。そこで東西では気候気象が異なる。このように生態学的条件が多様であるから、樹種の数も多い。松島鐵也『木材工藝』（明文堂、一九三八）によると有用樹種だけで少なくとも一七〇種はある。とりわけ広葉樹が一三五種と圧倒的に多いのだ。「少なくとも」といったのは同書

が記していない有用樹種が他にも少なくないからだ。ほんの数例挙げようとすると、たちどころにビワやフジやツル類やネソが念頭に浮かぶ。

ビワは木刀材として好まれ、この文を執筆している現在の通販価格でも一振り一一万三四〇〇円はする。一㎥当たり価格に換算すれば高級銘木である。フジ（藤）は椅子等家具の材料になることは周知の事実だが、最も注目すべき点は床柱として珍重される超高級銘木であることなのだ。凡百の林業地が生産に熱を入れ込んできているスギの磨き丸太の床柱より桁違いに高価な商品なのである。ツル類には有用なものが少なくない。したがっていたずらに「ツル切り」を行うのではなく、当該ツルに有用性が認められたならツルに巻かれた林木は当該ツルの支柱木と看做すべきだ。この発想の逆転は蚕を桑の葉の害虫と評価するか、それとも桑の葉を蚕の飼料と位置付けるかの選択に通じる経済的価値判断上の問題だ。しかもツル跡のついた林木にも商品価値がある。例えば太めの物なら茶室や料亭等の柱、細めの物なら杖。ネソ（マンサク）は結束力が強くかつ丸太に優しいという結束材として最適な物の一つである。かつては筏《いかだ》組みによく用いられていたが、現在で有名な使用例は飛騨白川郷の合掌造り民家の屋根部材である。あの屋根には釘を一切使わない。だから伐倒木の集運材等にネソは多用されてよい。現用のチェーンやワイヤーや鎹《かすがい》と違って丸太を傷めない。

このように日本は極めて多くの有用材資源を天から授かっているのだ。にもかかわらず林野庁

と大方の林学者はスギ、ヒノキ、カラマツ、トドマツ、場合によってはアカマツといった僅か四、五種の樹種のみを有用木として、それ以外の樹種を生産林の埒外に放逐した。そして巨額の経費と厖大な人力を投入して、広葉樹林とスギ林等以外の針葉樹林をスギやヒノキやカラマツやトドマツの単純人工林に置換させた。その結果単純林（モノカルチャー）の大集団（プランテーション）が日本の森の卓越した姿になってしまった。一九五二年ごろに開始されたこうした一連の行動を「拡大造林」という。それは「林種転換」（燃料林の用材林への転換）と「樹種転換」（広葉樹等の有用針葉樹への転換）を内実とした。そして転換は人工造林によって行われた。そこで「人工針葉樹林は生産林、天然広葉樹林は公益林」という位置付けが社会通念化する。このように「拡大造林」とは罪深い愚行だ。

だが当時はそれなりに首肯できる動機があった。[*20] 過熱状態の需要に一刻も早く応えるようにと、用材向き部分の成長が遅い〝低質広葉樹〟と違って成長の早いスギやヒノキ、そしてカラマツといった早生樹種の造林が求められていたのである。しかも早生樹種たるスギ等でさえ一層の短伐期林業化が強力に推奨された。この短伐期林業をめざす拡大造林をそれこそ拡大するべく、用材林業に未経験な森林所有者に対して短伐期林業の有利性を造林の最大かつ唯一のセールスポイントとして売り込んだのである。例えば「三〇年もすると大きな儲けが出ます。それに早くから間伐が始められて中間収入が継続して生れて、それが造林費をペイして、なお余りが出ます」と林

業普及職員は説いてまわった。だから林野庁・大学・研究機関は論理必然的により成長の早い新たな「早生樹種」の研究に懸命になった。したがって育種・品種改良に力が入れられた。林野庁に林木育種場という試験研究機関が特設されたほどである。こういう政策基調から当然にも高齢林は「過熟老齢林分」として否定されるべきものと価値付けられた。それを早く伐採して「拡大造林」を行うことが国益に資するという認識が官界、学界を支配した。

カラマツの逆説

こうして採用された樹種の典型がカラマツだった。採用された理由はスギやヒノキに不向きな寒冷地でも早く成長する樹種と評価されたからである。当時は官学ともに材質には眼もくれなかった。ひたすら材積成長の早さのみが重視されていた。その悪しき例の典型がカラマツによる木曽檜の代替である。秋田杉、青森ヒバと並んで日本三美林の一つである木曽檜は長伐期樹種である。そこで木曽檜の伐採跡地にカラマツが植林された。これは林業の大原則である「保続」（持続可能な収穫）を踏みにじることである。「保続」は使用価値が等しい物の再生産であることは自明である。ところが林野庁は「木曽檜より材積成長の早いカラマツを植林すれば、単なる保続＝再生産を超える資源の拡大再生産である」と強弁した。したがってカラマツの成長分に相当する材積の木曽檜を伐採しても立派に保続を確保できるといって木曽檜を過伐した。だから木曽檜

は絶滅危惧種となってしまった。

しかもなんとカラマツは早生樹種ではなかった。短伐期林業樹種だとして若齢で伐採されたカラマツは幹が大きくねじれるという致命的な欠点がある。だから短伐期カラマツ材は当時も今日でも売れ行きが不振である。しかしこの欠点は成熟すると解消される。だから結局はスギ・ヒノキ並みか、それらよりも年数のかかる樹種であることを知らされた。林野庁・国有林は所期の狙いとは正反対に[*21]カラマツを長伐期樹種と位置づけざるをえなくなっているのである。

カラマツ資源を最も多く保有する「中部森林管理局は長野県と共同して、県内産の林齢八〇年以上の高齢級カラマツ人工林から径級三〇cm以上の良質な大径材丸太を厳選し、『信州プレミアムカラマツ』と称して供給・販売を開始した。高齢級カラマツは、木材の性質が安定化しねじれが生じにくい成熟材が多くなること、スギやヒノキと比べて強度が優れていることに加えて、心材部分が飴色できれいな木目となり、無垢の横架材（梁、桁など）に適している等の特徴がある。林齢八〇年以上のカラマツの資源量は、長野県が全国一で、国内の四五％を占めており、大正から昭和初期に植栽された人工林から高品質のカラマツを継続的に供給できる見通しが立ったことから、林業の成長産業化や地域振興へつなげる目的で、ブランド化して売り出すことにした」。そして二〇一七年一〇月二五日の初売りでは出品物の「一部は通常の二倍以上の高値で落札された」（二〇一七年度『林業白書』）。

日本林業の「プランテーション」化

以上要するに拡大造林の原罪は広葉樹と天然針葉樹を大々的に排除して、日本林業をスギかヒノキ等ごく少数の早生樹種と看做された樹種のモノカルチャー化したことである。中でも広葉樹林の扱われ方は悲惨だった。薪炭原木やパルプ原料以外には用途の無い木として「雑木《ざつぼく》」と一括されている始末だ。官製用語はもっと露骨で、ずばり「低質広葉樹」と称するのである。だから広葉樹の伐採跡地にスギ、ヒノキ、カラマツを植栽する拡大造林が林野庁、大学、研究機関の強力な推奨のもと、大々的に推進されたため、有用な広葉樹種が消滅に近い状態に追い込まれた。つまり国を挙げ、全山を挙げて森林のモノカルチャー化に邁進《まいしん》したのだ。ドイツ林業人が日本の林業をプランテーション[*23]と口を揃えて評する所以である。その結果、皮肉にも〝低質広葉樹〟は今、稀少材化して高値をよんでいる。それどころか、一般には果樹としてしか認知されていないが故に用材としての使用価値をないがしろにされているカキ、クリ、ビワやらが用材として異常なまでの高額商品となっている。

しかも森林の更新方法もまた拡大造林の後遺症で現在でも人工造林一辺倒なのである。最近になってようやく国・府県・大学・研究機関が天然更新法を模索している。大正後期から昭和初期にかけての「天然更新汎行論」時代の多くの論文と実証データがあるではないか。また、それに拠らずとも、少なからぬ樹種が人工造林では更新が困難で天然更新なら再生が容易という事実が

よく知られている。しかも現在は人工造林にだけ用いられている樹種も天然更新が可能である。定説ではスギは天然更新が困難というが、日本初の世界遺産に登録された屋久島の屋久杉などは猛烈な勢いで天然更新している。[*24] そして、養殖魚が天然魚より肝心の食味において劣らざるをえないように、樹木もまた天然更新物が材質において人工造林物より優る物が多い。[*25] アカマツもそうで、天然更新のほうが生育が良く、材質も良い。だから近畿地方の先進林業地ではアカマツの人工造林を嘲笑する。なおいうと「ブナ育林が盛んなドイツとは違って林床にササなどが繁茂する日本ではブナの天然更新は困難だ」との通説に対して、森林生態学の第一人者であり、ブナ林にも精通している荻野和彦氏（元愛媛大学造林学教授）は、逆にブナは天然更新も人工造林も容易であることを実証的に明らかにした。

「拡大造林」の贖罪《しょくざい》

こうした「拡大造林」が反公益的と社会的非難を浴びているが、問題はそれだけではない。スギ等の過剰資源化、それ故のスギ等製材品の劣質化、スギ価格の低迷、それ以外の樹種の稀少資源化等々、国民経済的にも私経済的にも不利益なのである。そして個々の林家を困惑させた。短期間で伐採できるとされたスギ等がいざ伐期だといわれてきた林齢に達すると、それでは商品にならないことが明らかになった。よい値で売れるとされた間伐材は売れず、したがって間伐が国

の補助金無しには実行できないのである。間伐収入で造林育林費が賄えるどころか主伐でさえその収入では再造林、つまり苗木を植えることすら不可能な事態になった。家一軒分の有利な配当があると宣伝された国有林の分収林制度「緑のオーナー」が破綻したことの原因もスギ等の価格下落である。だから林家や「緑のオーナー」やらは「国に騙された」と怒っていて、なかには裁判沙汰にまでなっているケースがある。それほど国と「拡大造林」推進に加担した学者研究者の罪は重い。

「拡大造林」の原罪を贖罪するとは、生産林の次元でいうと日本の森を多樹種から成る森に復元することなのだ。それは同時に広葉樹の全面的な名誉回復でもある。すると「生産林対公益林」という対立関係が破れて、「生産林即是公益林」である近代林業が日本でも確立されることになる。それは端的にいって針葉樹と広葉樹の共生である。現存のスギ等の単純単層林を共生林に改造する方策を具体的な施業の次元で提案すると、スタート段階では針葉樹林の林冠にギャップ(穴)をあけてその下部で広葉樹を天然更新なり人工造林なりで針葉樹・広葉樹混交林を構築する。さらには、適当な本数のスギなりヒノキなりを群状に伐採して跡地に広葉樹苗を植えたり、自生している広葉樹を保育したりする作業を林縁から林内に向けて進行させて、針葉樹広葉樹混交林を造成するという施業法もある。本書のカバー写真はその一例になりうる。かくして多層多様な針葉樹広葉樹混交林というエコロジカルにもエコノミカルにも理想的な構造の森が造成され

れば、後は材を収穫しつつこの構造を持続させる恒続林施業を実施すればよい。こうした一連の実践こそが生態学的造林学者の腕の見せどころだ。そうした担い手が不在という過渡的状況ならば当面は技術的に容易らしい広葉樹林分と針葉樹林分のモザイク的林分配置という平面的共生策で満足しておくべきか。しかし森林所有問題を考えると、実は平面的共生策の方が立体的共生策よりも遥かに困難なのである。

なぜなら、立体的共生は当該林分の所有者が回心さえすれば即座に着手できるものである。ところが平面的共生はしかく簡単ではない。例えば、林分を隣接する林分と共に配列して第一象限は針葉樹林、第二象限は広葉樹林、第三象現は針葉樹林、第四象限は広葉樹林としようとする場合に、各象限の所有者がそれぞれ別人という日本では一般的な所有構造を前提とすると、仮に第二象限の所有者が自分の森の広葉樹林化を拒否すればコトは着手以前に破綻する。だから着手のためには合意形成に腐心しなければならない。しかしこれは成功しにくかろう。なにしろ樹種の問題は私経済の利得に直結するからである。さらに平面的共生はある程度の面的広がりがあってこそ意味があるが、面積が広がると、それだけ関係者が増加するから拒絶者の出現頻度も高まる。すると合意形成の困難さは度を増していく。だからその森林の所有者に対する勧奨のみで実施できる立体的共生関係の構築の方が比較にならぬほど容易なのである。したがって当面の課題は森林生態学を基礎とする林業の担い手を多数育成することだ。そして彼らが、立体的共生構造の森

林こそが経済的である所以を所有者に納得させることである。林業というものは、「拡大造林」の贖罪一つをとっても、つまるところ「人材」が問題なのだ。

7　乾燥の勧め

「国産材時代」がやってくる

国産材の質について二〇一七年度『林業白書』は次のような問題認識をしている。

「既に我が国の人口は減少局面に入っており、主要な需要先である住宅の着工戸数の伸びは期待できない」。そして「新たな需要先として期待される非住宅分野の木造建築物等を増やしていくための、消費者・実需者の求める品質・性能の確かな製品の供給が十分にできていないという課題を抱えている」。

非住宅分野への木材の進出のネックについてはその通りだが、認識の主眼点は的を射ていない。つまり住宅分野での国産材需要の見通しの暗さは人口減少ではなくて、住宅分野においても「消費者・実需者の求める品質・性能の確かな製品の供給が十分にできていない」からだ。だからこの点を改善すれば住宅分野でも需要の伸びが大いに期待できるのである。

今日の日本の木材自給率は先に示したように三一・一％でしかない。製材用丸太にいたっては

僅か一六・九％にすぎない。逆にいうと外材を押し出しさえすれば国産材の前には膨大な量の新規需要が待っているのだ。国産材が現在のところ外材に圧倒されているのは品質・性能の低劣さ、具体的にいうと無乾燥が最大の原因である。不正統計ではなく単に甘いだけの農林水産省統計でさえ全製材品中乾燥材の割合を三六・八％としているほどだ（二〇一七年度『林業白書』）。建築用材の場合でも四四・五％と、官庁統計でさえ過半は無乾燥材ということになる。すると国産材を全て乾燥材にすれば逆に外材を押し出すことができる。しかも外材は遠隔地から運ばれて来ているので、その輸送コストは少額ではない。例えば内陸国オーストリアの中でもさらに内陸部で製作された集成材が、これまた内陸にして奥地に所在する奈良県吉野町という吉野材のメッカにまで輸入されているのが現状だ。だから輸送コスト分だけでも国産材は価格的競争力が強い。したがってヨーロッパ集成材と同じか、さらにはそれ以下の含水率（乾燥の度合い）という非価格的競争力を持てば、国産無垢材はヨーロッパ集成材を圧倒できる。まして他の外材などは軽々と制覇できるのである。なおいうと、松島前掲書によれば含水率が低いほど木材の強度および硬度が増大する。したがってよく乾燥を行えば国産材の競争力は抜群のものとなる。そして国内市場で外材を圧倒するということは国産材が国際商品となるわけで、その輸出量と輸出額は計り知れない。

含水率を一〇%以下に

では望まれる含水率は何%か。差し当たりは一五%以下といっておこう。集成材のJASが含水率一五%以下だからである。そうすると「木を超える木」と評価されている集成材に対抗できる無垢材が製造できるのだ。しかしこれでもヨーロッパ集成材を圧倒するには充分ではなく、一〇%以下が望ましい。参考までに指摘しておくと、腐朽菌の発生を防止するためには含水率を二〇%以下にしなければならない。また、木に打ち込んだ釘が錆びだすのは含水率が二〇%を超えてからとのことだ。これらのことからだけでも現行JASの無垢材の乾燥材規定「一五%以下」は不当である。

「乾燥」とは木材が使用される環境の平衡含水率まで乾燥させることである。日本での平衡含水率の平均値は屋外で一五%から一三%、屋内なら一二%である。乾燥地域のヨーロッパでは屋外でも一二%である。そして日本でも近年のエアコンの普及等により屋内で一〇%を切る。だから望まれる含水率は「一〇%以下」といったのだ。こうした低い含水率の無垢材なら、最強の競争相手であるヨーロッパ集成材を圧倒できる。

乾燥が普及しない主な理由

これほど重要な乾燥が日本ではなかなか普及しないことにはそれなりの理由がある。

その主な理由の第一は伐採と運材と貯木の方法の変化である。かつて伐採が人力と自然力で行われた時代では、作業に時間を要したので、その間に木材は自然に乾燥した。また重量を軽減するために意識的にも乾燥させた。ところが伐採の機械化によってこの作業がスピーディーになり、重い材でも集材できるようになった。また運材も昔は筏《いかだ》等の水運によったから時間がかかった。さらにいうと「木は水で枯れる」とされていた。つまりアクを流出させるのである。だから筏による運材や水中貯木もまたこの意味でも重要だった。現在でも神社仏閣等の歴史的建造物の補修材料や工芸の素材の場合は先ず水に漬けて木を枯らしている。しかしほとんどはトラックによる陸上輸送に変わり、貯木も陸上化したし、製材所や市場等の中での材の移動もフォークリフト等によることになった。だから重量物が短時間に移動できるようになった。そして木を水で枯らすことも行われなくなった。要するに自然乾燥する暇《いとま》がなくなったのである。

このように従前は作業過程の中で自然と行われていた乾燥工程が消滅したのである。ならば現行作業過程の外に改めて乾燥行為を付加すべきだったのだが、それを日本林業は怠《おこた》った。

第二の主たる理由は現状では人工乾燥が容易でないことである。丸太が製材工場に到着する前の過程で前述のように乾燥が省略されたため、製材工場が受け取る材は含水率が甚だ高い生木だ。だから人工乾燥に必要な燃料代が高くついて、それだけ経営を圧迫する。しかも材によって含水率が異なるので、いかに乾燥スケジュールを工夫しても、ある材は過乾燥、ある材は未乾燥とい

うことになってロスが大量に発生するから、これも経営を圧迫する。かくして現在では唯一乾燥が行われる可能性のある製材工場での人工乾燥が普及しないのである。

ここで乾燥を省略する林野庁の失政を指摘しておかねばならない。林野庁は政府が鳴り物入りで唱題している「林業の成長産業化」を実現させる施策の柱として、労働生産性向上を目的に高性能林業機械を導入させているが、そのうちの伐木・造材・集材を全て実行するものには乾燥工程を自動的に省略してしまう機械がある。これを使えば葉枯らしと丸太天然乾燥という製材工場が熱望している事前乾燥が行えない。その結果、製材工場は高い含水率の丸太を押し付けられてしまうのだ。部分過程での労働生産性向上が総過程での価値生産性を低下させることのよい見本である。林野庁の推進する合理化にはえてしてこの種のものが少なくない。

問題はそれだけではない。高性能林業機械は高額の商品である。おまけに日本の現状では稼動時間が短い。だからコストは増額する。したがって補助金給付によってはじめて導入できるケースが通例である。補助金は受給側のコストを削減するから、見かけの収益率は上昇するので、給付する側も給付される側も経済性が向上したと錯覚して、受給側の企業努力の意欲を萎《な》えさせてしまう。だから補助金行政は「林業の成長産業化」の阻害要因といってよい。「林業の成長産業化には新たな技術が必要」(二〇一六年度『林業白書』)とする施策は補助金投入を前提にしている上に、乾燥を含め、問題多き高性能林業機械の導入を特徴としているのであるから、総過程で

の価値生産性向上という発想が林野庁にはなく、それが絶賛する事例は伐採搬出という部分過程の労働生産性向上を追求するのみである。

しかしそこでの労働生産性向上と乾燥の重視とは二律背反なのだ。その上に、「そもそも林業では労働生産性向上を重要命題の一つとしてよいものなのか」という林業の本質に係る根源的な問いかけを行う精神態度が林野庁には欠如している。ましてや「新たな技術の導入によって、従来の手法では得られないような収益を生み出すことが可能となり、これが森林所有者や林業者に還元されるようになれば、再造林への意欲が増進され、林業の再生産がより促進されていくこととなる」（同）という願望は失望に一変しよう。なぜなら先述したように、こうした因果関係は成り立たないからである。

第三は現行の人工乾燥自体の難点である。水の沸点は摂氏一〇〇度だから、一般的な乾燥方法では一〇〇度以上の高温で材を乾燥する。しかしこれは木材にとって過酷であって、内部割れや変色を起こしやすい。これが人工乾燥の普及しない大きな原因の一つである。そこで乾燥機の内部を減圧して沸点を下げて、一〇〇度未満で水分を蒸発させ、あわせてアクをスマートに流出させる「中温減圧乾燥法」が考案された。これはすでに例えば岡山県津山市の院庄林業や奈良県吉野町の櫻井といった先進的な製材所で採用されている。

立木から最終製品までの多段階乾燥

人工乾燥を躊躇させる大きな原因は製材工場が受け取る丸太の高含水率にあるというなら、事前に含水率を下げればよいわけだ。さらにいうと、生木は含水率がばらばらであることも製材側の頭痛の種だ。これも乾燥によって平準化される。そこで提案されるのが次の一連の乾燥作業である。

先ず伐採予定の林木を立ち木のまま乾燥させる。[*26] この乾燥方法は伐採予定木に施されるのだから、それは伐採木を丁寧に選木する作業でもある。次に上向きに伐倒した樹木の緑枝葉を切除せずに残してこれらに樹木内の水分を蒸散させる「葉枯らし」を行う。それから造材した材を林道等に並べて天然乾燥する。そして天然乾燥した材を製材工場に出荷する。それを受け取った製材工場は先ず粗挽《あらび》きしてから天然乾燥する。このいわゆる「養生」が済んだら、「中温減圧乾燥法」等のマイルドな人工乾燥にかけ、最後に仕上げ挽きを行う。こうした多段階乾燥を行えば最終製品の含水率は所望の水準に達していよう。

8　林業における流通の意義

林業における流通の存在理由

日本では流通は無駄なものとされている。だから「流通の短絡化」が慫慂《しょうよう》される。その極限が「産直」である。こうした発想の深層心理には「商」を蔑視する儒教的価値観があろう。しかし流通を無駄なものと看做してもそれは無駄というものだ。なぜなら目下我々が活かされている資本主義経済は高度に発達した商品経済であるからだ。商品経済とは流通経済である。だから資本主義経済は生産を流通主義的に運動させる。経済原論が他ならぬ流通論で開幕される所以だ。かりに他の産業部門では、いわゆる「商流」と「物流」との分離による「流通の短絡化」が可能だとしても、こと林業においては流通こそが森林生態学的林業と経済性高き林業の両者を相和して実現する上で不可欠な営為なのである。

なぜならば林業生産は場所的にも時間的にも分散的な多品目少量生産であることが合理的だからだ。しかしそれをそのまま需要に投げ込めば需要側は困惑するだけである。そこで流通によって分散的な多品目少量生産が集積され、用途別に仕分けされ、[*27]それぞれの用途先に配給されることが生産にとっても、需要にとっても合理的なのである。したがって林野庁のように生産自体を

一括しようとする発想、つまり個別生産の次元における一括化は非合理も甚だしい。為すべきことは分散的多品目少量生産の流通による総括なのだ。なおも付言すると、丸太は、まして立木はとても個性的だから、そして林業における集約化とは立木から製材品に至るまで個性の重視であるから、売買取引に際しては「現物熟覧」が必要である。このことからも流通の簡素化は不合理なのである。

流通の機能障害

したがって日本林業が低迷している直接的原因は「林業の生産性は向上していない」（二〇一七年度『林業白書』）ことではなく、既述の無乾燥問題と流通の機能障害にあろう。そして流通とは買い手のニーズを承知する情報活動でもある。

例えば日本の多くの丸太市場が仕分けにおいて極めて粗放である。仕分けするとしてもせいぜいで樹種別・太さ別、長さ別、直曲別に分けているにすぎない。[*28] この方式は買い手の個別具体的なニーズを聴かずにただ機械的に仕分けするものだから、高収益を得ようとすれば採用してはならない。二〇一七年度『林業白書』が高評する自動選木機はこうした機械的仕分けをまさに機械にやらせるものなのだ。だから自動選木機は無用の長物である。もっとも同『林業白書』は買い手のニーズに応えるべく品質別の仕分けをも挙げている。しかし品質とは買い手の求める使用価

値であるから、正確にいえば売り手がアプリオリに評価できるものではない。品質別の適切な仕分けは買い手ごとの個別具体的なニーズを知ってこそ可能なのだ。だが大方の市場はそれができないのだ。さらにいうと、丸太の造材（玉切り）寸法はその玉の用途を規定してしまうのだから、買い手の個別具体的なニーズを聴かずに、悪い意味での常識的寸法で機械的に造材するという現行の慣習を改めて、いっそオーダーカットに切り替えるべきではないか。これは究極の適切な仕分けだ。

林業界では取引単位丸太群を「ハイ」と呼ぶ。仕分けの雑なハイ、まして仕分けをしていないハイの場合、買い手は損失の発生を危惧《きぐ》して最も形質の悪い材の価格でハイを買わざるをえない。だから買い手の所望にしたがって仕分けるとハイの販売価格は高値となる。ということは売り手が買い手のニーズを的確にキャッチしていたからだ。[*29] 実際にあった具体例を紹介しよう。仕分けがしていないのでさまざまな形質の丸太から成る「混みハイ」を競売にかけた。すると最高価格が一㎥当たり二六〇〇〇円だった。立木価格も丸太価格も安い地域ではあったが、それでもさすがに予定価格を下回ったので不落にした。そこで事態を打開すべく先進市場人の指導を受けて、来場する各買い手それぞれの推測される好みに合ったハイに元のハイを細分したところ、最低価格のハイはやはり二六〇〇〇円だったが、それ以外のハイはより高値がつき、最高価格のハイはなんと三万円となった。そこで全ハイを売ることにしたのである。ことほどさように林業はすぐれて

情報産業でもあるのだ。低質材を宝の山に変える力があるのが流通であるといったらいいすぎだろうか。また、第4章で述べる多機能林業の成否を分けるのも、流通のあり方なのである。

早くから成立していた商品経済

流通の重要さを強調するために議論を拡げて付言すると、流通＝商品経済は前近代においても盛んであった。世間では簡単に「自給自足経済」というが、必要とする物材を一地域内で全て賄うことは不可能である。つまり全面的「地産地消」はありえない。否応なく他地域との「有無相通じる」関係が必然になってくる。そうしないと地域社会として存立できない。その際、物々交換も考えられるが、交換しあう物材が等価であることの確認は極めて困難である。だから初期から一般的等価物すなわち貨幣が登場すると考えるのが自然である。その意味で「商業は世界最古の職業」である。その貨幣が織物や穀物等であっても構わない。しかし種々の不便さがあるから必然的にいわゆる貨幣が考案されたのだ。

縄文時代も商品経済

日本でいえば縄文時代を自給自足的な採取時代とするのは水田稲作のみを文明と観る「米本史観」という謬論《びゅうろん》である。[*30] 例えば新潟県糸魚川で産出加工された翡翠《ひすい》が青森県や北海道の縄文時代

遺跡から発掘されているではないか。しかも国内だけではない。朝鮮半島でも発見されている。これらのことが雄弁に物語っているように、通商は実に遠隔地間の交易でもあった。時代は下るが、例えば琉球が昆布を大いに好む食文化圏であることは琉球が遠く蝦夷地と交易していたことを抜きにしては考えられない。なおいえば京が最古の塩昆布名産地であったことは北前航路→鯖街道や北前航路→琵琶湖航路という繁盛した通商ルートを想起させる。その名産地が大坂に移動するのは北前航路が大坂を最大の寄港地としたことに起因しよう。こうしたことから上方料理の味付けが昆布出汁なのだと考えられる。

山村こそが商品経済的社会

だから木材もまた早くから商品であったろう。しかも地域的特産物の傾向が強い木材は古くから隔地間交易物資であった。例えば奈良の大仏殿の建材の一部は遠く中国地方産材であると聞く。つまり山民は商人でもあったのだ。山村はその自然的条件からして自給自足が極めて困難だから、早くから遠隔地間交易の地であった。山村を閉鎖的空間とするのはすぐれて現代的発想である。かつての山村は決して「山間僻地」ではなかった。終章でもふれる丹波国の山村である山國村はかつては有力な禁裏御料（皇室領）であったので遠くから山脈を越えて、なんと鮎、松茸、匂袋の類いまで多くの物資を京都の御所に陸路で運んだことは宮中女官の記録『御湯殿上日記《おゆどののうえのにっき》』で

も明らかである。なお、山村集落が現在の道路のはるか上方に所在するのは、日本の地形的特性から、かつての幹線通商路が稜線近くを通っていたことと無関係ではない。

9 里山の意味と意義

用材商品化の場でもあった里山

里山はその名の通り生活空間の内部と周囲に存在する林だから最も地の利に恵まれた林である。したがって里山は農用林であり、燃料林であり、昨今の通念とは違って用材林であった。だから人工用材林業もここで産声をあげたのであった。住宅の軒先まで超集約的に育林された林のある北山林業がその好例である。これを見てもわかるように里山は活発な商品生産の場でもあった。だから木材需要急増期には里山は過剰負担を強いられた。具体的にいうと成長量以上に伐採されたのであった。いわゆる過伐である。この里山過剰負担問題を戦時下にいち早く指摘したのが、軍需等による木材需要の増大を前にした東京大学林政学教授島田錦蔵の『森林組合論』(岩波書店、一九四二)である。[*31] 自然保護運動から悪評をかった森林開発公団による大規模林道開発事業の目的も里山過剰負担軽減のための奥山資源開発だった(森林開発公団三十年史編集委員会『森林開発公団三十年史』森林開発公団、一九八七)。

そんな森林だった里山が今では奥山以上に放置され、場合によっては他の土地利用に侵食されて森林ではなくなってさえいる。とりわけ都市近郊やベッドタウンの里山は日本的な意味での都市化、つまり森の排除である都市化に弱い。したがって、「森の中の都市、都市の中の森」を特徴とする近代ヨーロッパの都市と違って、都市ないし都市近郊の里山が真っ先に消滅してしまう。

里山林業のススメ――隗《かい》より始めよ

本来は集約的かつ多元的な利用に最も適した里山がこれほどまでに衰弱しているということは、日本林業の衰弱を凝縮している問題状況なのだ。だとすれば里山の起死回生が、あるいは日本林業総体の近代化の突破口となるかもしれない。例えば第４章で紹介する「森林機能計画」と「森林立入権」は早急に日本へ導入したいものだが、これらは消滅しがちな都市ないし都市近郊の里山の保全に大いに資する。それは木材生産から森での憩いまで森林の諸機能が最高度に発揮される森林だからである。都市という生活圏はそのような里山を切望する。

だから今日的な里山問題が求める精神態度は過去への郷愁ではない。求められるものは復古ではなく、高い次元への発達である。具体的にいえば、里山をして日本林業を木材栽培業から近代林業へと進化させる尖兵《せんぺい》にすることだ。そうなれば「環境条件の悪い里山でさえできたのだ」と、森林の存立を脅かす危険がより少ない一般の森林所有者を鼓舞するだろう。いわば「隗より始め

よ」である。

*1——ただし、「パルプ・チップ用材」を除いた外材の占有率は六三・五%である（二〇一七年度『林業白書』）。

*2——林野庁は主伐期（伐期）を植栽後五〇年以上としている。もっとも、これが妥当であるか否かは別問題である。

*3——「初期段階での育林経費」とは「植栽準備作業の地拵え」「苗木の植栽」「雑草の下刈り」に係る経費。ただし日本の場合、「丁寧植え」「潔癖下刈り」等、過度に集約的な作業であるために育林経費が必要以上に高くなっている嫌いがある。吉野林業では「一鍬《くわ》植え」という、一鍬で植え穴を掘っただけで苗木を植えるという簡易な植栽方式で、あれだけの美林を造成している。下刈りも植林樹種以外の一切の植物を排除することはエコロジカルにもエコノミカルにもナンセンスだ。ところが林野庁の重点施策「森林整備」は、例えば高級ようじ材・香油・蠟《ろう》等が採れるクロモジといった、収益のあがる有用植物まで費用をかけて刈り取らせているのだ。

*4——カラマツ、アカマツ、トドマツである「マツ」という丸太・製材品ではスギより安価な樹種の立木価格がスギのそれよりも高いこと、そして丸太・製材品価格が最も高いヒノキよりもマツは立木価格の下落率が低いことは注目に値する。

*5——林野庁がいう集約化とは林業経営を面的にまとめること。

*6——公害が大問題になった時代、工場排水が海と川の水質を汚染すると非難された。そこで工業用水料金を値上げしたところ、企業は節水のための技術開発に懸命にならざるをえなかった。その結果、排水量は格段に減少し、排水中の汚染原因物質の含有量も激減した。同じメカニズムで立木価格の上昇は伐採・運材事業の体質改革に資するのだ。

*7——立木単価×販売量＝家計費だからである。つまり家計費が大きく変動しない場合、立木価格と販売量は反比例の関係にある。しかし立木の価格が低下する場合でも販売量を減らして、他の収入源に頼りだす。このように、一般産業からす

ると不思議な行動様式を林業経営はとりがちである。

＊8――当時は一般物価が安定的に推移していたが、木材価格のみが高騰した。この状態を「木材価格の独歩高」と呼んだ。

＊9――これに慌てた大規模所有者たちは自分たちが単なる「山持ち」ではなく企業的経営者であることを明徴にしようとして一九六二年一二月一〇日に社団法人日本林業経営者協会を設立し、これに結集した。

＊10――だから「まとまった規模の林業経営者への経営管理の集積・集約化」に活路を見出そうとする「新システム」の基本施策は普遍性が無い。厳しくいえば、後述するように「分散的多品目少生産とそのアンサンブル」を最善とする近代林業からするとそれは邪道である。

＊11――皆伐方式による一斉単純人工林。日本で経済林として一般的に施業されているもの。

＊12――択伐方式による異齢多層混交林。それは実は高コストだが高収益の施業だから林野庁は全く誤解している。誤解は択伐同然な間伐の繰り返しを否定しながら、択伐方式の育成複層林を勧めていることにも露呈している。そして育成複層林は育成単層林より労働集約的であることを林野庁は知らないから、それを自然条件不利地での施業とするのだ。

＊13――だから立木価格には「相場」が無い。あるのは個々の取引における売買価格のみである。

＊14――正角材の主要用途は柱であり、建築用材の主力である。そして「製材品の約八割は建築用に使われて」いる（二〇一六年度『林業白書』）。だから正角を代表的な製材品としたのである。

＊15――以下は詳述するが、製材所段階での人工乾燥は経営にとって圧迫となるから、補助金によって乾燥設備を購入はしていても稼動させていない業者が少なくない。おまけにＪＡＳ認定業者数は全体の一割程度である（二〇一六年度『林業白書』）。だから圧倒的大多数の製材業者はかりに乾燥していても自己の製品が乾燥材である旨を表示できないし、また実際乾燥してはいるまい。したがって乾燥材の実数は官庁統計を大きく下回る。

＊16――建築現場で行われる大工仕事を事前に機械で行ってしまうこと。

＊17――為すべきことは逃避ではなくて国産材、とりわけ並材の品質と性能を向上させることだった。そうすればさして良質と

はいえない米材に国産材は勝てたはずである。

＊18――上木群の枝葉が近接し合って出来た林冠が林地を覆ってしまうこと。

＊19――この需要の劇的変化を筆者と荻大陸氏（当時京大林学科助手）が「木材革命」と名付けた。

＊20――当時とは事情が全く違う今日にあって用材の「早生樹種」を奨励し、研究開発を支援している林野庁の神経を疑う。

＊21――林野庁の基本的施策はえてしてこうした悲喜劇を演ずる。日本林業の基本問題を抜本的に解決する施策として林野庁が目下打ち出している「新たな森林管理システム」も先述したように同断である。

＊22――薪炭業の衰亡の原因は「燃料革命」ではない。薪炭需要がなお旺盛だった時期に紙パルプ業との熾烈な原木争奪戦で薪炭業が完敗したのである。「燃料革命」はとどめを刺したにすぎない。そして紙パルプ業のこうした〝雑木〟を高値で買収したことが拡大造林を経済的にプッシュした。なお、余談だが「薪炭林」なる森林は実在しない。炭山はあくまでも奥山であり、薪山は里山なのである。

＊23――その典型が旧植民地でよく見られる単一作目の大規模農業である。

＊24――だから世界自然遺産・屋久島の有名な屋久杉は持続可能なのだ。元森林鉄道の軌道敷跡地、林道、作業員宿舎跡などで屋久杉の稚樹若木が猛烈に繁茂している。したがって有機土壌を掻きとって地表を無機化すればよい。

＊25――その理由の一つは林木数の初期密度の大きな格差にある。スギが人工造林で超密植される吉野林業でさえ、たかだか一ha当たり一万本であるのに対して、天然更新の場合は、屋久杉の例だと数十万本である。すると例えば年輪幅が均一化する。他方、「年輪幅が均一」を誇る吉野材とて一般的な材では幹材の中心部分は年輪幅が広く、周辺部分になるほど年輪幅が狭くなる。まして他の林業地はいうまでもない。それは日本の人工林が「粗植密立林業」だからだ。そしてこれを解決するものが密植と壮年期以降の連続的上層木間伐であろう。しかし当今の林政は疎植を推奨している。

＊26――立木乾燥とは伐採予定立木の根元部分に三ヶ所孔をあけて樹木内の水分とアクを流出させる方法で、従来の乾燥法では乾燥が困難なスギの、しかもとりわけ乾燥が困難だった心材部分の含水率を三九・一～三六・五％まで低下させた。こ

の数値は奈良県森林技術センターによるテストの結果である。多段階乾燥の第一段階ですでにこのように従来の常識を覆す低含水率なのだ。なお、この方法の創案者は奈良県吉野郡川上村高原所住の梶本修造氏である。

＊27――買い手のニーズに応じた仕分けのこと。だから一本売りの仕分けもあれば、ロットに仕分けることもある。

＊28――しかしこれはまだマシな方で、森林組合共販所のような多くの粗放な市場だと、出荷された材を出荷者別に一括して販売するから、粗放な仕分けさえ行われない。

＊29――だから先進的丸太市場でよく見られることには、それが「市売り」（競り売り）を建前としながら、実は当該丸太を欲する買い手のニーズに応じてあらかじめ仕分けしておいて、当該買い手に落札させる傾向があるから、実質は多分に「相対取引」である。

＊30――畑作を「米本主義」は必然的に無視する。つまり佐々木高明のいう「稲作以前」を無視するのだ（『稲作以前』ＮＨＫブックス、一九七一）。そして筆者は「畑」が国字、つまり日本製漢字であることに注目する。本家の中国では「田」一字で農地一般を表している。ところが日本では「田」だけで農地一般を表現できず、常に「田畑」とする。そして「畑」は「火田」である。だから畑作の原基形態は「焼畑」なのだ。つまり日本農業は「水と火」の二元論的営為だったのである。焼畑の起源はおそらく縄文時代まで遡ろう。とりわけ山村ではつい最近まで焼畑が重要な農業であったのだ。なお、焼畑は決して地力略奪的農業ではない。焼畑が移動農業である所以は、地力の減衰ではなくて、樹木や雑草が農地に激しく侵入してくるので、農業の継続が困難になるからだ。地力云々はこうして樹木と雑草が旺盛に繁茂するほど地力が「残っている」のである。以上のことは佐々木がつとに指摘していることであり、筆者も新潟県山北（私有林）、茨城県高萩（国有林）、島根県仁多（公有林）、宮崎県椎葉（私有林）、鹿児島県屋久島（国有林）で体験した。なおいうと、屋久島と椎葉以外は産物を販売する商品生産である。焼畑を自給自足経済と断定できない格好の証左なのだ。ただし椎葉は産出した蕎麦を村興しのイベントで消費した。だから性格としては商品である。ついでにいうと、焼畑作物は普通の農産物よりも味から栄養価まで桁違いに良い。しかも無耕耘、無施肥、無潅水、無農薬、無除草剤という究

極の「自然食品」なのだ。その上森林更新コストを大幅に減少させる。日本でもこのアグロフォレストリーを再興させたいものだ。これは序章でも触れた二一世紀に世界各地で見られる新しい農業の方式とも通じている。ネックは獣害だ。この点も獣害対策の先達ドイツやスイスやオーストリアに学ぶことが多い。

＊31——かつては「里山」という語彙《ごい》は一般には知られていなかった。管見の限りだが、どの国語辞典を見ても「里山」は記載されておらず、「里山」に相当する語彙で記載されているのは「端山《はやま》」「外山《とやま》」のみである。「里山」の出版物における初出は北村義重編『改訂増補・林業語彙・獨英和』（丸善株式会社、一九三三）ではなかろうか。ただし北村は「里山」の独訳を「マルクヴァルト」とした。それは入会山であるから狭義にすぎる。「里山」を初めて本格的に論じたのは島田の前掲書であろう。同書で島田は注目すべき指摘をしている。地元民による従来の里山利用のうち緑肥と燃料の採取は、化学肥料の普及と養蚕業の発展で生じた労働力配分の変化とによって利用を自律的に縮小させつつある事実も看過することができない、というのである。つまり今日の通念的利用様式での里山衰退はすでに昭和初期には生じていたのだ。したがって、昨今の過疎化・高齢化が生じるまでは里山が地域社会によって活発に利用され保全されていたという、林野庁も同調している（二〇一六年度・二〇一七年度『林業白書』）通説は正しくない。戦前戦後と現在での里山利用衰退状況の違いは、現在が用材林的利用までが衰弱したことである。しかしこれは日本林業一般の問題状況であって、なにも里山固有の事態ではない。

第3章

ドイツ近代林業前史

本書の主題は日本林業近代化の道を示唆することである。そして近代林業の先達はドイツである。だから本章以下はドイツ近代林業の紹介にあてる。

とはいえドイツの林業は過去から一貫して近代のそれのようなものではなかった。近世の林業は近代林業とまったく異質だった。そこで本章では近代林業確立以前のドイツ林業を概観して、近代林業の個性を浮き彫りにしたい。

1　近世林業の誕生と破綻

絶対王政の自己矛盾

近世（ルネッサンスから一七八九年のフランス革命まで）ヨーロッパは絶対主義時代でもある。絶対主義君主は個人的嗜好《しこう》からも臣民や他の王侯に対する権威誇示からも豪奢《ごうしゃ》な生活[*1]をしていた。また、膨大な廷臣群・官僚群・傭兵隊を擁していた。両者とも巨額の出費を強制する。その財源が金・銀・銅・岩塩・ガラス等の地下資源と木材である。そして地下資源利用は大量の木材を消費する。だから森林・林業は財務官庁か鉱業官庁が所管していた。林業系各種学校もその傾向にあった。なおいえばこの制度は近代まで続く。森林・林業・林産物行政が農林省の所掌となったのは遠い昔のことではない。

地下資源利用は坑内の支持材、坑内鉱石運搬手段、坑内人員移動手段、馬車・橇《そり》・筏・船舶等々大量の木材を必要とした。鉱物精錬にも製塩にもガラス生産にも燃材や木灰が大量に必要である。だから天然林資源が過伐乱伐された。したがって絶対主義体制が隆盛するほどに、より多くの森林が伐採され、ついには森林資源が枯渇しだす。この状態を当時の人は「ホルツノート」（木材窮乏）と呼んだ。

ただし問題が単なる「木材窮乏」であれば事態はさほど深刻ではない。それならば木材収穫を抑制すればよい。だが事態は次のようなものであった。森林資源は体制の基盤である。だから体制としては、一方では資源の枯渇に対して資源を保全しなければならない。しかし他方では森林資源が体制の基盤であるのはそれが国庫収入の主たる財源の一つでもあるからだ。であれば森林資源を開発しなければならない。つまり体制維持にとって共に不可欠の行動である森林資源の保全と森林資源の開発とが対立するというディレンマ[*2]に体制は陥った。しかも体制はこのディレンマを解決する術を知らなかった。したがってこのディレンマこそが体制の根底を揺るがす致命的な危機なのである。だからこの事態は「木材窮乏」を超えた「木材危機」（ホルツクリーゼ）と受け止めるべき深刻な体制の「全般的危機」（アルゲマイネ・クリーゼ）なのだ。

「持続可能な木材収穫」原則

だが苦悩に満ちた懸命の模索の末、幸いにも「木材危機」の解決策がついに発見された。それが林業でいう「収穫保続」すなわち「持続可能な木材収穫」[*3]という対策である。これによって「保全か開発か」というディレンマが止揚されたかに思えた。発見者はザクセン選帝侯国鉱業局長官ハンス・カール・フォン・カーロヴィッツ。彼は一七一三年に発刊された世界史上初の『林業経済学』でこの新概念を公にした。当然にも体制は大喜びでこれにとびついた。以後今日にいたるまで「持続可能な木材収穫」は林業の大原則となる。だから「保続」の原則化が「林業」の誕生ともいえる。

カーロヴィッツのいう「持続可能な木材収穫」とはいとも簡単明瞭である。すなわち林木の成長による「蓄積」(林木総材積)の「成長量」(蓄積の増加量)の範囲内に林木伐採量を抑えれば蓄積を減らさずに伐採を継続できる。喩えていうと、支出を元本の利子の範囲内に抑えれば元本は減少しないことと同じである。さらに伐採跡地に、場合によっては原野にも植林するが、これは資源の拡大再生産である。つまり持続可能な木材収穫と資源拡大再生産とを結合させるという一連の施業によって「木材危機」は打開できるとしたのである。

誠に目出度し目出度しだ。だから日本林政もこの論理に同調し続けていて、この施業を「循環的林業」と名付け、現在でもその確立を政策の重点の一つにしている。しかしこんな簡単な施業

が近世ドイツの林業技術では実行不能であった。

言うは易く、行うは難し

彼の「持続可能な木材収穫」の根本は林木の成長量だけ伐採することなのだが、とはいえ一方では樹木の上長成長分だけ伸びた梢部分を切り取ること、他方では肥大成長分だけ太った樹幹部分を剝き取ることは無理である。どうしても全林の成長量を森林のある部分（「林分」）に集約して伐採するしか方法は無い。そのためには一定期間における蓄積と成長量を「測樹」（計測）した上で、どの林分を皆伐[*4]することが適切であるかを判定しなければならない。そして伐採後の人工造林[*5]を計画しなければならない。つまり森林経理（林業経営の場所的時間的秩序付け。今日風にいうと林業経営計画）を行わねばならないのだ。

ところが近世林業人たちには測樹ができなかった。それを実行するには相当高度な知識と技術と機材を必要とするが、それを持つには近世林業はあまりにも未熟だったのである。だからどの林分を伐採対象にし、いかほどの材積を伐採すべきかがわからなかった。したがって乱伐になり、場合によっては相変わらずの過伐になった。しかも造林も林業独自のあり方での生産（森林生態学的施業）を知らないから、勢い収穫時期が明らかで、その時期に達した作物を全部収穫する農業をモデルにして林業を営むしか手法がなかった。つまり伐採跡地で植栽、すなわち人工造林を

行い、皆伐した。こうした一連の施業を当時の人は「木材栽培業」（ホルツツフト）と名付けて、それを最新にして最高の林業と自負したのである。いや、実は当時だけではない。一九世紀末〜二〇世紀初頭というはるか後世が来るまで、ドイツ林業人は林業イコール木材栽培業としていたのである。なおいえば日本林業は今もなお木材栽培業の段階に停滞している。

ドイツ近世林業人の低質さ

当時の林業経営指揮者である上級森林官の育成機関は聖職者、宮廷官僚、宮廷技師、前近代的医師の育成を目的とする旧制大学であった。だから育成される上級森林官も不合理なドグマを信じているだけで、まともな林業技術を習得していなかった。つまり本格的な林業技術者には程遠い質の人間であった。さらには素人が上級森林官の職に就いた例も少なくなく、彼らは事務官僚であるか、退役高級将校[*6]であるかであった。そして林業を本業とする技師等は彼らの下風に立たされたのである。これではまともな林業は期待すべくもない。まして一般林業人はせいぜい「マイスターシューレ」（職人学校）で学んだ人間が上等な方で、圧倒的多数が職人学校にも通わずに旧慣を詰め込むだけの徒弟修業を受けただけだった。

近世ヨーロッパでは実に多くの分野でフランスが先進国だったから、ドイツはフランスの上級森林官を招聘《しょうへい》して大学や職人学校の「御雇い外人講師」としたのだが、彼らは全員がドイツ林業

人の質の劣悪さに驚き、呆れ、嘆き、そして怒ったのである。

２　近代林業の曙

ロマン主義と近代林業

こうした林業と林業人の体たらくに絶望した時の政権は事態が事態だけに先ずは林業教育の刷新から林業改革に着手した。つまり貴族的な旧弊の宮廷技師や宮廷学者[*7]に替えて市民的な新思潮の持ち主を林業系高等教育機関の教授陣にしたのである。彼らの多くは、例えばヴォルフガンク・フォン・ゲーテ、フリートリヒ・フォン・シラー、アレクサンダー・フォン・フンボルトといった当時最高の革新的文化人で多分にロマン主義的[*8]な人物群と親しく交流していた。そうした新進気鋭の林業人の典型がハインリヒ・コッタなのだ。換言すると近代ドイツの林業はロマン主義の申し子といって過言ではないほど、ロマン主義の影響を強く受けたのである。とりわけ第４章で紹介する本格的なドイツ近代林業はもろに影響された。

近代林業の父コッタ

コッタは木材林官より下位身分の下級森林吏の息子であり、彼自身も下級森林吏であり下級狩

猟吏であった。つまり従来の林学者と違って庶民である。だからこそ近代林業の暁星となれたのである。頭脳明晰で向学心旺盛なコッタは宮廷学者から理学、数学、林学を学んだが、やがて独自の林学、とくに新しい林学である森林計測学、森林経理学を構築した。こうした斬新な林学者コッタのもとで学ぼうと新進気鋭の若者が大勢集まるようになったので、彼は当時の主君ワイマール公[*9]の許可を得て、公の御狩場（フォルスト）内の館に一七九五年、私立の森林学校を開設した。

近代林学の誕生日

するとドレスデンを首都とするザクセン王国の国王フリードリヒ・アウグスト一世がコッタを招聘した。これは極めて自然であり当然でもある。なぜならザクセンは鉱山王国でもあったから過伐乱伐と鉱害による森林被害が激甚で、体制の危機になるほど「木材窮乏」が甚だ深刻であったから、「持続可能な林業」発祥の地であった。それだけに近世林業とその人材の難点もあらわに現れていた。だからザクセン王はコッタを熱烈に求めた。そこでコッタはドレスデン西郊のタ一ラントに森林学校を創立した。一八一一年五月二四日のことである。これは形式的には私立学校だが、ザクセン国王の勅命によるものである上に、近世林業を超克した近代林学を世界で初めて講ずる学校であった。そのため世界の林学者はこの日を近代林学誕生の日としている。

そして一八一六年六月一七日、同校は正式に世界初の公的な近代林学最高学府であるザクセン王国立ターラント森林アカデミー[*10]に発達し、そこで近代的高等森林官が養成され始めた。

林業教育は森の中で

コッタは「高等森林官は講義室からだけでは生まれない。森の中で森を学び、森の中で林業従事者から学んでこそ養成されるのだ」を基本的教育方針とした。このコッタのテーゼは今なおドイツのみならずスイス（ドイツ語地域）、オーストリアといったドイツ語圏林学教育に脈々と継承されている。例えばターラントから遠く南に離れたミュンヘンでも[*11]、林政学、林業経済学、林業税制学等々の典型的な非実技系講義がしばしば森の中で行われる。

日本林学の創始者もターラント出身

こうした学風だから、ドイツの内外を問わず極めて多くの俊英がターラントで学び、卒業後はそれぞれの母国においてあるいは官界で、あるいは学界で要職に就いたのも当然のことであった。日本も例外ではない。代表的事例が東大の初代林学第一講座（森林経理学）教授志賀泰山、初代第二講座（造林学）教授本多静六、初代第三講座（林政学）教授川瀬善太郎である。しかも発足当初の東大林学科にはこの三講座しかなかった。したがって彼らが日本林学の開祖なのである。

なおいえば森林経理学が第一講座なのは時の林学林政のボスである志賀が森林経理学を大成したフリートリヒ・ユーダイヒの愛弟子だったからで、したがって森林経理を林学林業の「女王」とするターラント学派が日本の林学林政を支配することとなる。そして志賀は二二〇の林業術語をドイツ語から和訳した人物である。それを『森林経理学前編』（大日本山林会、一八九五年）で公表した。そのうち現在使用されていない術語は僅か「洗伐」「播種《はしゅ》費」「体積生長」「実用的輪伐期」の四語くらいのものではないか[*12]（片山茂樹「志賀泰山先生」『林業先人伝』所収、日本林業技術協会、一九六二年）。

ただ、本多については注記しなければならない。彼は博士号取得をほとんど唯一の目的にしてターラントへ留学したのだが、当時のターラントは大学ではなく、教授資格（ハビリタチオーン）の授与権はおろか博士号授与権すら無いアカデミーだったので、慌ててミュンヘン大学へ転学した。しかし彼の造林学はミュンヘン学派の体臭すら発しない。さらに彼の『森林經理學』（三浦書店、一九〇九年）を見ると、次節で述べる法正林《ほうせいりん》についても「吾人ガ理想トシ又模範トナスベキ法正林」とあるように、そして法正林を「現實林ノ改良」の目標としているように、ユーダイヒ＝ターラント学派の学理を祖述している。そして現在のドレスデン工科大学林学部の留学生名簿にも彼の名が記載されている。したがって彼をターラント学派としてよいのである。

川瀬は一味違う。彼はプロイセン王国首都ベルリンの東北に所在するエーバースヴァルデ森林

アカデミーにも留学し、林政学、森林管理学、*13 狩猟学をアダム・シュヴァパッハ教授の下で学んだ（島田錦蔵「川瀬善太郎先生」前掲『林業先人伝』所収）。だからどちらかといえばエーバースヴァルデ派だ。とはいえドレスデン工科大学では彼もまた同校の留学生としている。いずれにしてもミュンヘン学派とは無縁だ。

３　ターラント学派の限界

過渡期の林業

ドイツ語圏林学林業を、ひいては日本をはじめ多くの国々のそれを学理的に支配したターラント学派にも限界があった。コッタと同じくターラント森林アカデミーの校長に就任したことのあるユーダイヒによって大成されたターラント学派は、いうなれば近世林業から近代林業への過渡期のものといってよい。

伐期決定法に係る神学論争

ターラント学派は林業を木材栽培業とした。これなら近世林業と変わらない。変わったといえば、それが林業の農業化を一層強化した点である。施肥も行われたし、品種改良も試みられた。

しかしなんといってもターラント学派が近世林業を超えたのは、伐期決定の方法を確立しようとしたことだ。林業の農業化にとって最大の難問は伐期の決定である。木に熟期の無い林業では伐期を画一的に決定することは不可能である。[*14]それでも多くの伐期決定法が提案されて、決着するはずのない伐期決定をめぐる神学論争が巻き起こった。そして、伐期収入から造林費等の生産費を控除した利益を一定の利率でもって計算して地価化した上で、地価が最高になる時期を伐期とする「土地純収益説」が勝利したのである。だがこの農業経営の地主の理財をモデルにした説は根拠に妥当性を欠く。なお、この地価をターラント学派は「土地期望価」（ボーデンエアヴァルトゥンクスヴェルト）と呼ぶ。

「土地純収益説」には例えば遠い将来の収入を予断するという根本的難点がある。生産が超長期であるが故に動態的な林業をむりやり静態的なものと前提するからである。だがしかし、このことは問題にされず、利率に関する神学論争が展開された。当たり前だが利率の高低で伐期が変わる。例えば利率が〇・五％変わると伐期が一〇年程度変わる。利率が高いと伐期は短縮されるので、望ましいと考えられたある程度の長伐期が算出されるために、「林業は安定的経営だから林業の利率は低くてよい」という乱暴な説が勝利した。換言すれば同法にとって最も重要な因子である利率が恣意的に決定されるのである。そこで「安定的経営の利率はいくらなのか」という、またもや神学論争が起こったのである。論争の一応の妥協説が国債の利率である。これなら低く

かつ安定的だから生産期間の長い林業が援用するのに相応《ふさわ》しいと彼らは思った。しかし国債とて利率はそれほど低くなく、また実勢利率は変動する。そこで彼らは困ったのだ。

そしてこの伐期決定法は、所定の伐期に達した林木を全部一斉に全伐する皆伐林を前提にするものなので、伐期概念をもたず、ただ最初に伐採した林分にまた戻る時期である輪伐期しかない択伐林には適応できない。ターラント学派は多くの場合で単純林を前提とした。換言すれば林業のプランテーション化を追い求めたのである。それほどまでに同学派の林業は農業的発想のものだった。

規範的な、余りにも規範的な「法正林」

しかしターラント学派の最大の特徴はそのノルム主義である。なにごとにつけてノルム、つまり規範・規定・基準が無いと林業は経営できないとした。そこで画一的なノルムで具体的施業を縛るのである。しかし現実の施業は多様である。そこで多くの施業類型が案出された。これがまた現実の施業を嵌め込む鋳型であると同時に、林学林業を煩瑣なものにした。それが多くの林学科学生を苦しめた。

その極致が「法正林」（ノルマールヴァルト）、すなわちノルムたるべき森林なる概念なのだ。これは以下の四構成要件が全て満足されている森林である。第一に各齢級[*15]の面積が等しい法正齢

級分配。第二に各林分の配置が伐採木の搬出に便利であるなど、適正な法正林分配置。第三に各林分の蓄積が当該林齢に相応する理想的なものである法正蓄積。第四に成長量が当該林分の地味等に相応しい法正成長量。換言すれば法正蓄積が生み出す成長量。

この構成要件は皆伐をのみ想定する概念で、択伐林には通用しない上に、そもそも余りにも現実離れした規範だから現場では使い物にならない。最も肯定的にいえば法正林は一種の理念型なのだが、ターラント学派は現実の森林を法正林化することを林業の目的としたのである。つまり現実から理念を析出する帰納的発想ではなく、理念を現実化する演繹《えんえき》的発想なのである。そして法正林思想にあっては、最も高度な森林経理はこの目的を達成するべく林業経営を計画することなのだ。だから森林経理学が林学林業の「女王」となる。ちなみに法正林における森林の具体的なあり様は思弁化が容易な碁盤の目のように区画された一斉単純林である。そしてこの一斉単純林を皆伐して、伐採木を区画線である整然とした林道で運材するのである。

ただし正確を期するために申し添えておくと、ターラント学派に択伐概念が無いわけではない。むしろ多くある。しかしそれはあくまでも「型」である。この型で現実の施業をコントロールするというのだが、現実の施業は多様である。それを型で規定するためにその型は数を増す。例えば日本では共に択伐と訳されている施業も「プレンターシュラーク」と「フェーメルシュラーク」の二種類がある。前者は狭義の択伐だが、後者は敢えて和訳すると「画伐」である。そして

煩雑なことには「傘伐」ともいう。その「傘伐」だが、それも「群状傘伐」「帯状傘伐」「楔状《けつじょう》傘伐」等と多岐にわって区分されるのだ（ウイーン農林大学造林学研究室『造林学術語辞典』、一九八〇）。しかも現場の施業においては、各型間の区別が曖昧になる。このことは皆伐施業の重要な作業である間伐と択伐との区分が現実的には曖昧であるのと同断である。だから型は所詮思弁上の便宜のためのものらしい。

こうしたターラント学派に対して、いっそ「型」を定めることを断念して、当該地区の森林の施業を担任する「ロカールベアムテ」（現地施業責任者）にほとんど全てを任せて、彼が担任する森林の個性に応じた施業を自由にやらせたらどうか、という発想がカール・ガイアーを開祖とするミュンヘン学派なのである。[*16]この精神態度の行き着く先は「フリースタイル林業」である。この「フリースタイル林業」の提案者がミュンヘン大学林政学出の造林学教授ヨーゼフ・ケストラーである。そして、このミュンヘン学派を母材として本格的なドイツ近代林学がつくられた。だからそれは大面積単純林を人工造林で造成したことの弊害に苦しんだスイスにまで普及した。このスイス近代林学の開祖がガイアーの愛弟子であるスイス連邦立チューリヒ工科大学[*17]造林学教授アーノルト・エングラーである。

そこで次章では、これからの本格的な近代林学林業とはいかなるものかをやや詳述して、日本林業近代化の道標としたい。

＊1――これがまた木材の大口需要先であった。

＊2――今日でも世界が直面している「保全か開発か」は新しくもまた古い問題なのである。

＊3――一九九二年六月にブラジルのリオデジャネイロで開催された「環境と開発に関する国連会議」が採択した『アジェンダ21』は「持続可能な開発」を唱え、これによって「開発」と「環境」との対立――同時に、環境保全を主張する既開発国と開発中の発展途上国との対立――を解決した。ほとんどの日本人は「持続可能」は斬新な発想として驚嘆した。しかし林業にとっては、このように古くからの大原則であって驚くほどのことではない。とはいうものの林業の場合の「持続可能」はあくまでも木材収穫の保続だから、その概念は狭い。他方昨今の「持続可能」概念は広い。それ故に概念内容に明確さを欠く。

＊4――当時の知識と技術では、択伐施業ができなかった。

＊5――当時の知識と技術では、天然更新施業は不可能だった。

＊6――ベルリンを首都とするプロイセン王国にいたっては官有林の林業要員がまるごと「ダス・ライテンデ・フェルトイエーガー・コー」（騎馬猟兵軍団）という軍事組織に編入されていた。そしてプロイセンだけではなく全ドイツが幾多の職業において軍人同様の階級を設けた。ドイツの森林官の公式制服には今でも階級章が付いている。これは過去の制度の尾骶骨である。

＊7――ドイツ語では「カメラリスト」という。日本では「官房学者」と訳しているが一般には通じない。だから筆者は拙訳と知りつつも「宮廷云々」と仮訳したのである。

＊8――通説ではゲーテやシラーはロマン主義者に入れず、「ワイマール古典派」と呼ぶ。ゲーテ自身もロマン主義者の一員と目されることを嫌ったという。筆者は通説に真正面から衝突する者ではないが、両者の作品にはロマン主義の香気を感じる。少なくとも後のロマン主義文学に多大の影響を与えたことは間違いない。そしてフンボルトは立派にロマン主義的博物学者であった。

＊9――余談ながらゲーテは同国の宰相兼林業最高責任者であった。
＊10――これがドレスデン工科大学林学部の前身であり、所在地は変わらずターラントである。
＊11――ターラントは旧東独に所在する。とはいえ東独共産党（正式には社会主義統一党）政権末期からターラントはミュンヘンと姉妹関係にあり、したがってターラント卒業生は西独高等森林官の資格が与えられた。このことの糸口になったのは、時のミュンヘン大学林政学教授兼副総長（研究教育担当）リヒアルト・プロホマンが創設したターラントとミュンヘンとの交換留学制度である。彼はかつて「フリースタイル林業」の創案者であるミュンヘン大学造林学教授ヨーゼフ・ケストラーの助手だった。そして彼は「森林機能計画」制度立法を強烈にプッシュした人物である。なお、私事にわたって恐縮だが、留学した筆者の指導教授でもあった。
＊12――片山は「保存林」をも挙げているが、これは現用されている。
＊13――営林組織・人材問題を研究・教育する分野。日本では東大林学科にのみにあった科目。
＊14――だから本格的な近代林業は伐期概念そのものを捨てた。
＊15――一定の幅に林齢を総括したもの。日本では五林齢ごとの幅を齢級としている。
＊16――東京農林学校（東大農学部の前身）の実質的初代の林学科教授ハインリヒ・マイアはミュンヘン大学出身で、かつガイアーの後任教授となる人物である。しかしながら東大林学に及ぼした、したがって日本林学林政に及ぼしたミュンヘン学派の影響は今日に至るまで皆無に等しい。それは日本林学の骨格をつくった三人の人物、すなわち志賀がユーダイヒの愛弟子であること、本多がミュンヘンに留学しながらミュンヘン学派に全く影響されなかったこと、そして川瀬がターラントにも留学したことが長く後世まで日本林学の性格を規定したのであろう。
＊17――ＥＴＨと略称される同学は名称こそ「工科大学」だがＭＩＴが通称の米国の名門大学マサチューセッツ工科大学と同様総合大学である。

第４章

ドイツ近代林業の個性

1　ドイツ近代林業の確立

森のロマン主義

ロマン主義とは一八世紀末から一九世紀にかけてヨーロッパの思想界・芸術界を席捲《せっけん》した新思潮であって、その要点は自然・感性・主観・情念・固有性・多様性・形式の自由・歴史・伝承・習俗の肯定である。

ロマン主義のこれらの特徴はどれもドイツ近代林業の神髄でもある。そしてロマン主義の森の重視は注目に値する。それは自然に美を発見したことである。かつて自然は美ではなかった。ところがロマン主義は違う。森を代表とする自然を賛美し、積極的に芸術の主題とした。だからドイツには「森のロマン主義」という言葉さえある。

ミュンヘン大学経済学部林学科の創立

一八七八年四月二一日、自らもロマン主義者であって、ロマン主義音楽の最高峰リヒアルト・ワーグナーの熱烈なパトロンであったバイエルン国王ルードヴィク二世はミュンヘン大学経済学部に林学科を創立する勅書に署名した。そして一〇月一日付けで五人の林学者を同学科の教授に

任命した。これは世界で初めて近代的総合大学で行われる近代林業研究教育の事始めである。

同学科は森を代表とする自然を極めて重視するロマン主義思潮を受けて、自然志向を建学の精神とした。それは「合自然的かつ近自然的」であることを近代林学の個性としたことからも明らかだ。この大原則の提唱者こそが造林学・森林利用学教授カール・ガイアー[*1]であった。彼は後述するテーゼを先ずは『森林利用学』（一八六三）で提示し、次いで抜群の古典『造林学』[*2]（一八八〇）で完璧なものに体系化した。その根本思想は「自然に還《かえ》れ」なのだ。

2　「合自然的かつ近自然的林業」とは何か

ガイアー林学の要諦

ガイアー林学とは要するに森林を単に樹木の群れと看做すのではなく、あくまでも「生命共同体[*3]」と把握することである。したがって所詮は人為でありながらも林業を合自然的かつ近自然的なものであるべきだとする。では「合自然的」とは何かというと、森林生態系の諸法則とそれの運動に則る施業を行うことであり、「近自然的」とは自然林の「林相」（様相）と構造に酷似した森林を形成することである。[*4]この林業概念が今でも受け継がれ、さらには一層発展されているドイツ近代林業の鉄則なのだ。

ガイアーテーゼ

こうしたガイアーの原則をテーゼ化すると以下のようになる。

① 自然に対する過度な侵襲であるところの大面積一斉単純林[*5]の人工造林と大面積皆伐とは拒否されねばならない。

② 実践すべきは小面積の異齢多層混交林を天然更新が主力となり人工造林を助勢とする後継林木再生方法でもって造成することであり、伐採は主として択伐として行うことである。

③ 「合自然的かつ近自然的な林業」とは換言すると「森のことは森に聴け」(四手井綱英)であるから、林業は森の声を聴く産業である。だから林業はあくまでも森の声を的確に受信できる感性豊かな「ロカールベアムテ」(現地施業責任者)の職務なのだ。

④ 施業はすべからく現地施業責任者の判断に任せるべきであって、林業をいささかでも現場から離れた場所で構想された概念・ドグマ・類型・規範・規定・形式・数式・計画で拘束してはならない。だから現場林業人は多面的かつ総合的な教養知見と技術の持ち主でなければならない。そうした人材は高度な理論的かつ実践的な教育によってのみ養成される。

⑤ 故に森林経理の鉄鎖から林業を解放すべきである。そのことは森林経理学を「林学の女王」から「造林学の秘書」に降格することなのだ。

⑥ 林業は農業を決して模倣してはならない。林業は断じて木材栽培業ではない。

後世、ガイアーの施業哲学を「バイエルン式組み合わせ施業」と呼ぶ。これは前述の彼のテーゼを要約して巧みである。それは彼がいかに施業自身の多様性を重視したかを雄弁に物語る。そして屋上屋を架すが、筆者は「施業そのものが一個のアンサンブルだ」といいたいのだ。

森との永遠の会話

このように見てくると、近代林業がロマン主義と同調であることは明らかとなる。すなわち、①自然の重視は前述の通りである。②感性を行動の基本的動機とする。③現場林業人の主観に頼る部分が大きい。④場所ごとに多様な森林生態系の固有性を重視する。⑤形式からの自由とは林業をドグマ・規範等から解放することの換言であって、後に「フリースタイル林業」[*6]を生む所以でもある。⑥超長期の事業であるからには歴史の重視は当然の要求である。⑦習俗とは地域社会の次元での多様性の異名であって、それはまた現在としての歴史でもある。だから当該地域の習俗を承知してこそ林業を円滑に営めるのだ。

政治思想史の研究者である丸山眞男によると「ドイツ浪漫主義的思考というものは『永遠の会話』でしょう」（『丸山眞男座談セレクション・下』（岩波書店、二〇一四）。「永遠の会話」とは決断主義の反対概念である。森林生態系はあまりにも多様かつ動態的だから、例えば大面積皆伐は否定されるけれども、肝心の「何ヘクタール以上の皆伐が大面積皆伐になるのか」という一事

が純正の森林生態学徒は決断できない。[*7] だから限界皆伐面積は対象とする森の「声」を聴いて暫定的に定めるしかない。それはあくまでも暫定値だから、実施した皆伐の面積が正解であったか否かを伐採の度ごとに森に尋ね、それに対する森の返答を施業にフィードバックさせるという不断の修正を行わねばならない。この問答は延々と続く。つまり森との会話を繰り返して行ってこそ皆伐は適正に行われるのだ。しかも限界皆伐面積は林業の問題群中の一つにすぎず、林業には無限に近い多くの問題群がある。だから林業とは「森との永遠の会話」なのである。

3　近代都市における森とは何か

森の中の都市、都市の中の森

近代林業の個性「合自然的かつ近自然的」を都市の次元で捉えなおすと、「都市が合自然的かつ近自然的な空間であってこそ近代都市」となる。そして自然の一典型が森であるからには、それは「森の中の都市であり、都市の中の森である」と具象されるのだ。このことを自ら「一〇〇万人の村」[*8] であると誇るドイツ第三の大都会ミュンヘンを実例として紹介する。

ミュンヘンの都心にあるエングリシャーガルテンは多くの森林を有する大自然公園で、ニューヨークのセントラルパークよりも広い。さらにミュンヘン市街地には大小さまざまな森がある。

そして市街地はこれまた広大な森で包まれている。つまり市街地の中に森があり、森の中に市街地があるのだ。その総面積は都心中の都心である市役所前のマリア広場を中心とした半径五〇km内（七八万五〇〇〇ha）に六五万ha強に及ぶ森がある（リヒアルト・プロホマン『大都市圏ミュンヘンの森の任務と意義』、一九七三）。つまり森林率八三％だ。ちなみに琵琶湖の水面積は北湖・南湖合わせて七万ha弱である。

エングリシャーガルテンは市役所に近く、旧王宮、首相官邸の隣、各官庁とミュンヘン大学の裏にある。東京ならどこにあたるかを想像してもらいたい。総面積九五八haの公園内には総延長七五kmの道（車が通れる道路二六km、歩道・自転車道三六km、乗馬道一三km）、沢山の児童遊園地、三ヶ所のテニスコート、二軒のレストラン、三ヶ所のビアガーデン、各所のトイレとキオスク、一ヶ所のヌーディスト用地、無数の水鳥が遊ぶ水面積八万六四一〇㎡の湖、五流の川、そして一ヶ所のクラインガルテン団地がある。ここをミュンヘン市民は愛し、ここで憩う。

しかしドイツ人の森林愛好心と全く同様に、こうした市街地内外の森も実は近代になってはじめて醗酵したものなのだ。だから近代ドイツ人の感覚では森が豊富な都市こそが近代都市であって、森の乏しい都市は真の意味での近代都市ではない。

「一八世紀後半ではミュンヘンの森の衣は今とは全く異なった仕立てだった。……保育されていない、全く性能の悪い森だった。王侯の狩猟情熱、家畜を飼わねばならない農民の必要、そして

市民の木材欠乏。明日のことよりも今日のことしか頭になかった彼らは森を荒らした」（プロホマン、同前）

エングリシャーガルテンも元々は荒蕪地《こうぶち》だった。それを英国式庭園[*9]に改造して一七八九年八月一三日に時のバイエルン領主カール・テオドール選帝侯が一般市民に開放した。つまり「庭園」の「公園」化なのである。そしてこの日が「フランス革命」のまる一ヶ月後であることはあまりにも象徴的である。

理想的な里山

一九世紀のミュンヘンを取り巻く森はターラント学派流の森で、直線道路で碁盤の目のように区画されたトウヒやアカマツの一斉単純林であった。それは単調で変化に乏しく、おまけに概して昼なお暗いのでおよそ散策に不向きな森だった。ところが「ガイアー革命」が起こると、ミュンヘンの森を合自然的かつ近自然的な森に改造する事業が開始された。具体的にいうと森を不定形で多層な混交林に改造するプロジェクトである。

曲線はロマン主義の愛好するところだ。そこで林内の道路も林道も作業道も巡視路も曲がりくねったものになった。そしてこうした道路沿いからトウヒやアカマツが適宜伐採されて各種の広葉樹が導入される。これら広葉樹が生い茂りだすと、内部に向けて順次トウヒやアカマツの単純

郵　便　は　が　き

料金受取人払郵便

晴海局承認

6260

差出有効期間
平成32年 5月
6日まで

104 8782

905

東京都中央区築地7-4-4-201

築地書館 読書カード係 行

お名前	年齢	性別	男・女
ご住所 〒			
電話番号			
ご職業（お勤め先）			

購入申込書 このはがきは、当社書籍の注文書としてもお使いいただけます。

ご注文される書名	冊数

ご指定書店名　ご自宅への直送（発送料230円）をご希望の方は記入しないでください。

tel

読者カード

ご愛読ありがとうございます。本カードを小社の企画の参考にさせていただきたく存じます。ご感想は、匿名にて公表させていただく場合がございます。また、小社より新刊案内などを送らせていただくことがあります。個人情報につきましては、適切に管理し第三者への提供はいたしません。ご協力ありがとうございました。

ご購入された書籍をご記入ください。

本書を何で最初にお知りになりましたか？
□書店　□新聞・雑誌（　　　　）□テレビ・ラジオ（　　　　　　）
□インターネットの検索で（　　　　　）□人から（口コミ・ネット）
□（　　　　　　）の書評を読んで　□その他（　　　　　　　　）

ご購入の動機（複数回答可）
□テーマに関心があった　□内容、構成が良さそうだった
□著者　□表紙が気に入った　□その他（　　　　　　　　　　）

今、いちばん関心のあることを教えてください。

最近、購入された書籍を教えてください。

本書のご感想、読みたいテーマ、今後の出版物へのご希望など

□総合図書目録（無料）の送付を希望する方はチェックして下さい。
＊新刊情報などが届くメールマガジンの申し込みは小社ホームページ
（http://www.tsukiji-shokan.co.jp）にて

林が針葉樹広葉樹混交林に置き換わっていく。その結果、多彩で変化に富み、そして明るいから林内でウォーキングやジョギングなどをすると眼も気分も楽しませてくれる森に変身した。さらには小山も築かれて平地林にアクセントを付ける。おまけにイノシシや各種のシカや野ウサギやらが棲《す》んでいて、しかもイノシシでさえ人間を怖れない。

こうした地の利のよい都市林こそが木材生産に最も適している。都市景観林でもあり、貯水・水質浄化林[*10]でもあり、レクリエーション林でもあるミュンヘンの森は木材伐採と林木更新という狭義の林業が常時営まれている生産林でもある。いうなれば第２章で言及した理想的な里山なのである。

都市の森の存在理由

なぜこれほどまでに都市の森を重視するのか。それは近代都市の病理と生理からである。周知のように近代都市は住民に対する心身両面でのストレスに満ちている。しかも近代化が進めば進むほどストレスは増大する。このストレスを解消するものこそ「森の癒《いや》し」である。森のレクリエーションとは言葉の原義通り「レ－クリエーション」、つまり「再生」「活力の回復」を森がしてくれることだ。「レクリエーション」に当たるドイツ語「エアホールンク」の原義もまた同様に「回復」「立ち直り」なのだ。一言でいえば命の再生である。そしてストレスは都市生

活において日々常々に発生するものだから、「森の癒し」も日々常々に行われねばならない。つまり日常における不断の「再生」が求められるのだ。すると森は住民の日常の中に無ければ意味が無い。さらに都市は災害に弱く、そして醜く汚くなりやすい。だから森の環境保全機能を最も求める生存空間なのだ。そして都市は大消費地だから森の生産機能を最も必要とする生活空間でもある。だから都市の森は最も多機能的であらねばならない。これこそが都市の森の近代社会的な存在理由なのである。

4　近代林業の経済的メリット

〝わがまま〟な木材需要への即応

森林生態系は通常内容的にも形状的にも多様多彩で変化に富み、僅かな立地箇所の違いでも性質と様相を異にする。だから林業が森林生態系に忠実であろうとするならば、すなわち合自然的かつ近自然的林業であろうとするならば、森を立地に則した不定型な小面積林のモザイクとして造成しなければならない。なぜならほんの近くへ移動しただけでも立地状況は異なるからだ。また、一つの森林生態系といえども構造においても林相においても多様であるから、森を異齢多層混交林として造成しなければならない。森を多様多彩で不定形な小面積林のアンサンブルとする

ことである。するとそれは最も望ましい環境保全林ならびにレクリエーション林と等質なのであって、そうした森は生産林としても最適である。したがって生産様式は「場所的にも時間的にも分散した多品目少量生産」であることが近代林業に最も相応しい。

例えば社会が望む木材の形状を見よう。太い材と細い材とが同時に求められる。長い材と短い材とが同時に求められる。直材と曲材とが同時に求められる。さらにいえば針葉樹と広葉樹とが同時に求められる。こうした〝わがまま〟な社会のニーズには大面積の同齢単層単純林という単調な森では適切に応えにくい。あるいは不可能である。また社会は長期的にも短期的にも木材を必要とする。すると林木の伐採までの年数は長くでも短くでもあらねばならない。これは同齢林では困難だ。以上から森は不均質であらねばならない。だから「森林の伐期齢は長伐期か短伐期か」という設問は反社会的にして不自然である。いっそ「森林の伐期」という概念を捨てて、その時々の需要に応じた年齢の林木を選伐することだ。これは全林木を画一的に取り扱うのではなく、林木一本一本の個性に応じた単木施業によって可能になる。然り、木は五年生でも一〇年生でも三〇年生でも五〇年生でも一〇〇年生でも二〇〇年生でも伐ることができるのだ。それは幸いにして木には熟期が無いからである。[*11]

木材需要は変動する

この木材需要の多様性を時間軸で捉えるとそれは木材需要の激しい変動性である。残念ながら我々人間は将来予測能力が極めて貧弱である。一、二年先の事態すら予測し難い。それどころか明日の事態さえ確言できないことは株式相場の日々の変動から充分に証明できる。まして林業生産の射程は数十年、いや、一〇〇年、二〇〇年、さらには恒続である。そうした遠い先の木材需要を確実に予測できると思うことは傲慢《ごうまん》である。木材需要というものは長期的変動は勿論のこと短期的変動すら常態であるのだ。にもかかわらず大方の林業人は現在需要の旺盛な木材種が将来も有利商品であると即断してその生産に特化する。*12 こうした心理と行動を行政と学者が助勢する。なおいうと、施業論にも流行り廃りがあって、滑稽なことにはその時々の共同嗜好がある。例えばつい最近までは短伐期論が支配的だったが、今では長伐期論一色である。ある時代は天然更新汎行論が流行するが、ある時代は人工造林一辺倒となる。

特化型生産を林形でいうと、それは同齢単層単純林である。林野庁が緩傾斜地等自然的条件に恵まれた立地で営まれる経済林とする「育成単層林」がそれである。この林形が生態的に不健康であることはつとに指摘されてきているが、経済的にもすこぶる脆弱なのである。それに対して生態学的に健全である異齢多層混交林は需要の変動に即応できる柔軟性を豊富に具備している。かくしてエコロジカルに健康な森はエコノミカルにもいたって強靱だ。これまた「場所的にも時

間的にも分散した多品目少量生産」のメリットである。

択伐の意味するもの

合自然的かつ近自然的な森による分散的多品目少量生産は短期的にも木材生産の経済性が極めて高いのである。言い換えればスケールメリットを追求する少樹種の集中的大量生産は木材生産の場合は非生産的なのだ。伐採の次元でいうと、大面積皆伐を否定し、択伐を肯定する。[*13] 択伐は継続的伐採であるから収益も継続的に発生させる。これに対して皆伐は遠い後年の伐採まで無収入をじっと耐えねばならない。皆伐、わけても大面積皆伐を有利とするのはただただ機械使用に便利だからにすぎない。なおいえばこのことは農業でも批判できることをカール・カウツキーがつとに『農業問題』（一八九九）で詳述している。

択伐は分散的多品目少量生産の典型である。経済性を左右する木々の個性、つまり林木個々の形質を無視して全林木を伐倒してしまう皆伐と違って択伐は、当然のことながら、群状択伐といえども一本一本吟味して伐採すべき林木を選抜する作業だから甚だ知識集約的な作業[*14]である。丁寧さと換言できるこの知的集約性こそが生態学的林業ともいえる近代林業の個性であり、同時にレクリエーション林を実現するものである。とりわけレクリエーション機能の重要な要素の「森の美学」は本章末尾で詳述するように、この丁寧さから生まれるのだ。皆伐施業でも木々の個性

を重視するのが間伐である。それを「定性間伐」という。これに対して個性を無視するのが「定量間伐」であって、その典型が「列状間伐」である。これは間伐する木々を何列目かに決定して、その列の林木を機械的に伐採してしまうものである。これは間伐の機械化にとってのみメリットがある。不幸にして林野庁は、そして学界も、この「列状間伐」を大肯定して、その実例を顕彰する。

スケールメリットを追い求める日本林政

繰り返すが林業に経済的メリットを求めるならば森林の姿を不定型な小面積林分のモザイクなものとしなければならない。これを裏返していえばスケールメリット追求の否定である。ところが日本林政はその逆コースを走っているのだ。

例えば二〇一七年度『林業白書・概要』は「望ましい林業構造の確立」として、「効率的かつ安定的な林業経営の育成、スケールメリットを活かした林業経営、効率的な作業システムによる生産性の向上、経営感覚に優れた林業事業体の育成を推進する」を挙げている。これを敷衍《ふえん》したものが同白書の第Ⅰ章「新たな森林管理システムの構築」の冒頭文である。

「我が国の人工林資源は、その半数以上が主伐期を迎えるなど本格的な利用期を迎えている一方、森林所有者の多くは小規模零細で経営規模を拡大する意欲等は低く、積極的経営を期待できない

中で、意欲と能力のある林業経営者に森林の経営管理を集積・集約化するための新たな仕組みの構築が求められている」

第2章で書いたように、この一文から明白なことは「新システム」の眼目は伐採の増大である。そのための「森林の集積・集約化」、つまりはスケールメリットの追求なのだ。それが実現されれば、「効率的な作業システムによる生産性の向上」がかなうのだという。簡単にいえば伐採作業という林業経営の部分過程での生産性向上を狙って森林と林業経営を集団化する「スケールメリット主義」である。それが林業経営総体の経済性向上に反することを、なにかにつけて同じ失敗を繰り返す林野庁も、そろそろ気付くべきだろう。

5　「多機能林業」

「多機能林業」思想の基層

『林業政策』（一九五三）で多機能林業論を史上初めて公にしたのがミュンヘン大学林政学教授ヴィクトーア・ディーテリヒである。彼は同書の冒頭で林業、とくに多機能林業を論じる際に重要なこととして「森とフォルクの関係」を力説する。この「フォルク」とは人種とかいった人間の自然的類型ではなく、あくまでも文化的・社会的類型である。そして統治者・支配階級に対す

る類型である。だから「国民」とか「民衆」とかと和訳することができる。日本では「ワーゲン」と通称されている「フォルクスヴァーゲン」が「国民車」「民衆車」と和訳されている所以である。「フォルク」が文化的・社会的概念であるとすれば、それは歴史的概念である。とすると「森とフォルクの関係」は以下のように読み解くことができる。そのことは換言すれば「多機能林業」思想の基層を説くことでもあろう。

① 近代に「国民国家」が生まれた。「国民」はその成員である。したがって「国民」とはすぐれて近代的な人間類型である。「民衆」が主演者の一人となって社会的・政治的舞台に登場するのも近代なのだ。[*15]

② ディーテリヒは林業をあくまでも「関係概念」と把握する。森も人も実体概念ではなくて関係の因子なのだ。平たくいえば相愛の婚姻関係の男女が比翼の鳥であるように、夫婦というものは「関係」としてしか実存しない。林業をこうした関係概念で把握するのが近代林業なのである。

③ ところが前近代の森は人にとってとてもそのようなものではなかった。森は魔物とか妖精とか魔女とかキリスト教が追放した異教の神々とかの棲みかであった。要するに森は魔界なのである。実生活においても森は人にとって闘う敵だった。例えば猛獣撲滅のために、住居新築のために、農地開拓のために、道路開設のために、膨張する市町村の用地獲得のために消滅させ

るべき邪魔者だった。

④　それだけではない。ドイツ語には森を意味する単語が二つある。「ヴァルト」と「フォルスト」だ。英語の「フォレスト」に当たる「フォルスト」は領主が己の狩猟や宴会等の遊興のために人民の利用を排除して囲い込んだ「禁野」なのであった。だから林木が生えていなくても立派に「フォルスト」だった。つまり「フォルスト」は人民が疎外された土地だったのである。だから自然概念ではなく法律概念なのだ。第6章で述べる「ヴァルトベトレートゥンクスレヒト」（森林立入権）などは当時の人々には夢想だにできない。このように「人と森との関係」もまた歴史的なものなのだ。

⑤　したがってまともな林業はまさに近代に生まれた営為なのだ。

⑥　なおいうと第3章で述べた「木材窮乏」が生じると領主たちは「フォルスト」に植林しだした。こうして王侯貴族有林・教会修道院林・国有林等の体制的な森が「フォルスト」と呼ばれ、人民の個人有林・共有林そして町村有林は「ヴァルト」となる。そこで「フォルスト」と「ヴァルト」の間に官尊民卑の関係が生じた。つまり「フォルスト」とは「良く管理経営されている森」であるのに対して、「ヴァルト」はそうではない、単なる自然物である森と観念されるようになる。「林業」をドイツ語で「フォルストヴィルトシャフト」つまり「フォルストの産業」という所以である。はるか後年までそれを「ヴァルトヴィルトシャフト」つまり「森の産

業」とは決して呼ばなかった。この語彙は単に「森林施業」とのみ狭く認識されていたにすぎない。

⑦ところがディーテリヒは「フォルスト」の語源を明らかにした上で「ヴァルト」の意味を転換した。彼が「森と国民・民衆の関係」というとき、その「森」は「ヴァルト」なのである。つまり彼は「国民」的・「民衆」的な森である「ヴァルト」に係る営為こそが近代林業であると主張したことになる。かくして彼の林業概念では「国民」「民衆」が特殊近代的なものであることと「ヴァルト」の新しい意味は見事に平仄《ひょうそく》が合うのだ。

⑧とすると林業は、もはや人間の外にある「モノ」を利用する産業ではなくて、森と人との相互作用関係を顕現させる「コト」なのだ。そして「作用」であるから相互作用関係の顕現は森の「機能」の発揮なのである。ドイツ語における「関係」＝「ベツィーウンク」は普通複数形で使われる。したがって近代林業は「多関係」なのだ。

森林の機能の諸類型

そこでディーテリヒが挙げる森の主な機能を、今日的に敷衍すると以下のようになる。

① 生産機能
② 就労機会提供機能

③ 財産機能
④ 備蓄機能
⑤ 国土保全機能
⑥ 水質浄化機能
⑦ 福祉機能
⑧ 近隣・近距離・遠距離の各レクリエーション機能　彼はこの機能がとりわけ都市住民にとって重要だとする。
⑨ 用地機能　これはディーテリヒが機能論の最初に掲げた機能であるが、内容から末尾に掲げた。その主な内容は左記の通りで、日本には無い機能概念である。[*16]

ア　施業地総体
イ　生産林
ウ　保安林
エ　無立木地
オ　用材林地
カ　非用材林地
キ　施業林

ク　非施業林

「森林機能計画」

ディーテリヒの多機能林業のテーゼを一九七一年にバイエルン食料農業森林省は大臣ハンス・アイゼンマン博士の強力なイニシャティヴのもと政策化した。それが世界で初めての「森林機能計画」である。この計画は「国土総合利用計画」（ラウムオルドヌンク）の森林林業部門だから、工業、交通から都市計画・土地開発まで、森林林業に係る一切の行為を規制する上位規範である。そして「森林機能計画」はドイツ各州に順次普及していって、今ではドイツ林政・林業の普遍的制度となった。だからドイツでは、森林機能の保全に反する行為は全て禁止される。

「森林機能計画」がカバーする森林の機能は左記の通り。

Ⅰ　利用機能　日本でいう生産機能。

Ⅱ　保全機能

①　水源涵養《かんよう》・水質保全機能

②　土壌等保全機能

③　雪崩防止機能

④　イミシオーン・騒音阻止機能　イミシオーンとは悪臭・煙害・振動等、近隣に対する迷

惑行為。
⑤　気象保全機能　気候変動減少機能等、気象・気候の穏和化機能と語釈できる。
⑥　視界保護機能　工場や砕石場といった醜い物を遮蔽する機能。
⑦　美しい景観造形機能
⑧　道路保護機能

Ⅲ　レクリエーション機能
①　近隣レクリエーション機能
②　近郊レクリエーション機能
③　遠隔地レクリエーション機能　ツーリズム機能ともいう。

Ⅳ　その他保全すべき森林
①　特に保全すべき生態系　特別な生態系的意義を持つ森林。
②　景観にとって特別な意義のある森林
③　研究教育にとって特別な意義のある森林

Ⅴ　バイエルン森林法が規定する保全林
①　保安林
②　自然保護林

③ 保存林

Ⅵ バイエルン自然保護法が規定する箇所の森林の保全

① 国立公園

② 自然保護地区

③ 天然記念物

④ 景観保護地区

⑤ 自然公園

⑥ その他保全すべき対象

例えば、㋐自然の物質収支、㋑重要な動植物界、㋒景観の回復、㋓特別な樹木、㋔特別な樹木－草類群落、㋕特別な畦《あぜ》、㋖特別な並木道、㋗特別な藪《やぶ》、㋘特別な孤立木、㋙特別な葦《あし》群落、㋚特別な湿原、㋛特別な藁《わら》原、㋜保護植物、㋝特別な公園、㋞特別な小川

各森林への機能の割り当て

以上の各機能を森林ごとに割り当てていく。そして当該森林に複数の機能が期待される場合は重複して割り当てる。その場合には各機能に優先順位をつける。

ただし機能とは人間にとっての効用であるから、いくら森林にその機能があるとしても、社会

的に必要でない機能は割り当てない。例えば山すそに民家等がある場合には森林に雪崩防止機能を割り当てるが、そうでない場合は、雪崩は自然現象として雪崩防止機能を求めない。

そして日本人が注目するべきことには、利用機能は割り当てない。なぜなら、ごく例外的な特別のケース、例えば厳正自然保護地区の森林といった場合を除き、いかなる森林にも利用機能は発揮させられるとバイエルンの当局は認識しているからだ。つまりほとんど全ての森は生産林なのだ。問題は優先順位のことなのである。

三大機能の意義関係

以上から森林のいわゆる機能はⅠ、Ⅱ、Ⅲである。だから「森林機能計画」は森林の諸機能を大別して「利用機能」「保全機能」「レクリエーション機能」に総括するが、バイエルン食料農業森林省は「基本的に我々は経済的諸理由と大きな木材需要に鑑みて、森林の利用機能を軽視するものではない。普通、健康で適正に保育された利用機能林は同時に美しいレクリエーション機能林であり、高能力の環境保全林である」（『緑の環境』、一九七一）と自信のほどを高らかに宣言したのである。

6 「フリースタイル林業」

「フリースタイル林業」とは

こうした発想をするディーテリヒの方法論は、およそ具体的な事物を抽象して真理を得ようとする演繹的方法論とは正反対であって、極めて帰納的な「多様な事物を多様なままで総体把握する」ものであるから、林業を型やドグマに拘束されない自由闊達《かったつ》なものとする。このことから「フリースタイル林業」が誕生した。生みの親はかつてディーテリヒの助手で、後にミュンヘン大学造林学教授となるヨーゼフ・ケストラーである。[*17] 彼は不朽の名著『育林』（一九五三）で林業がフリースタイルである所以を森林の多様性・動態性にあるとした。だからマニュアル等に頼った林業は森林のこの多様性・動態性に背くものだとケストラーは強調するのであった。

森の心になっての育林

彼は「フリースタイル林業」のメルクマールを「森林保育と森林更新との密接な連携、混交林思想の実現、大面積皆伐の否定、植生の急速な回復、あらゆる配慮においての土壌保育の第一義性、林分と林木の成長の注意深い観察、硬直した伐期観と蓄積コントロールからの解放」とする。

そして「林業とは育林である」と規定する彼は、この著書の結語として次の箴言を記した。

「森の心になっての育林」

つまりは森とのシンパシー（共感）に基づく育林――これが「フリースタイル林業」なのだ。ここでもまた、「林業とは森との永遠の会話」なるテーゼが提起されている。前出四手井綱英はこれを「森のことは森に聴け、木のことは木に聴け」とした。こうした発想が近代林業の要諦なのである。そしてケストラーが森に係る人間の営為を「フォルストヴィルトシャフト」から「ヴァルトヴィルトシャフト」（「森林業」と拙訳）と進化させた人物であって、それをカール・ハーゼル（元ゲッティンゲン大学林政学教授*18）がその『森林業と環境』（一九七二）で全面展開したのである。彼は同書をディーテリヒに献じている。

7　「恒続林施業」

森林状態を恒続させての高価値材の継続的多量生産

「合自然的にして近自然的林業」「多機能林業」「フリースタイル林業」の三位一体を実現させる

施業の典型が「恒続林施業」だ。これは要するに「森林状態を恒続させながら、木材を継続的に収穫する」システムである。そして収穫される木材は高価値商品だと「恒続林思想」の発案者アルフレート・メラーはいう。その根底となっているものは「森林有機体の恒続性の確保」なのだ。しかも高い価値の木材を恒続林施業は多量に生産すると彼はいうのである[*19]。それはそうであろう。恒続林施業での伐採は中低林木を圧倒している商品価値の高い優勢林木を継続的に抜き伐りするのだから。しかも圧倒から解放された後継樹たる中低林木は勢いを得て絶えず旺盛に成長しだす。さらには林床から稚樹がこれまた旺盛に発生する。恒続林施業の恒続的たる所以である。彼はこれを『恒続林思想――その意味と意義』(一九二二)で公にした。

恒続林施業の骨子

彼は同書で、恒続林施業の骨子を次のように明示する。

① 森林は有機体である。
② 林業は農業と全く異質な産業である。
③ 恒続林施業はどこでも、しかも即座に実行可能である。
④ 恒続林施業は皆伐を否定する。
⑤ しかし恒続林施業は人工造林をも肯定する。

⑥　その際の種子と苗木はあくまでも地元産のものである。
⑦　恒続林は混交林である。
⑧　恒続林は異齢林である。
⑨　恒続林施業は高価値の木材を多量に産出する。
⑩　恒続林施業は高度な林業人を必要とする。

なお、彼は「恒続林は択伐林ではない」という。そして前記④のように皆伐を否定する。これは一見矛盾するようであるが、実はそうではない。神学的といってよいほどすこぶる思弁的な森林経理（学）が林学・林業の「女王」だった時代に、彼女が択伐林ないし択伐林業を煩瑣な型の集積である概念規定へ押し込めたことへのメラーの反撥から生じたものだ。メラーは「恒続林の本質は森林有機体の恒続をのみ目的とするから、その目的を達成するためにはありとあらゆる方法が採用されるべきだ」という。つまり彼もまた「フリースタイル林業」論者なのである。そこで皆伐否定と択伐否定とを整合させるには、彼の肯定する伐採方法を「非皆伐的作業」と呼んだらよい。

恒続林と流通

恒続林施業が裸地化することなく森林から木材を産出するものであるからには、少量の木材を

高付加価値商品として販売することが、恒続林の絶対的な存立基盤である。だから産出材を有利に販売できる高性能の流通[20]が恒続林実施の大前提なのだ。従来恒続林がややともすれば造林学の次元でのみ論じられてきたので、流通問題は看過されがちであった。だから流通の重要さをここで改めて強調しておく。

あるべき林業人像と美学としての林業

メラーはこの労作の末尾で、あるべき林業人像とその林業人が行う林業の個性を熱く語っている。そこではドイツ近代林業の林業（人）観が活写されているので、長文の引用を敢えてして[21]本章を結ぶ。

「施業責任者は恒続林思想を全森林に適用せよ！　どこでももはや皆伐を行うな。斧[22]を持って彼が責任を負う全ての森林を毎年歩け。健全な森林有機体を彼が所管する地区全域で恒続的に維持せよ。そうすれば森林からの年々の収入は増加するだろう。だがその代わりに、彼には高度の精神的および肉体的労働が要求されるだろう。何故ならば従来なら彼は伐採作業員に『今年は第一〇区を伐採せよ』というだけでよかったが、これからは彼が収穫し保育する林木を自ら一本また一本と毎木にマーキングしなければならないからである。しかし、彼は林業をプリミティヴな手作業から芸術へ、真の森林芸術へと高める。林業を森林美学の次元に定置する。林業が自由にし

て創造的な働きとなる可能性があるのだ。林業経営計画はもはや彼に対して『これこれの場所でこれこれの仕事をしろ』と命令するものではなくなるのだ。一つひとつの伐採は彼が経営する森林の健康、成長力および美に資するべく行われるのだ。さまざまな樹種の混交、樹齢の多様化、壮麗な林相の造形、そして嬉々として生えてくる稚樹の保育は全て彼に委ねられているのだ。

彼の職務はハードだが、しかし限りなくノーブルなのだ。彼の勤労の経済的効果は彼が熟慮すればするほど高められる。さらには、彼が森林美学の真の法則に通じれば通じるほど、彼の勤労の経済的効果はますます高められるのだ。何故ならば、最も美しい森林は同時に最も収穫多き森林なのであり、かつ森林芸術を最高水準に導く者こそが森林美学的要求にも経済的要求にも同時に応えるという、両者のハーモニーを自ずと奏でるからである」

かくしてメラーは「経済」と「美学」の自同律を謳うのであり、それが近代林業なのだと誇るのだ。この宣言こそが『恒続林思想』の結語なのである。

＊1――森林利用学とは森林・林産物の利用法、林木の伐採法、林道等開発の林業工学、林業機械学を研究教育する分野。
＊2――彼は一八八九年に有数の名門校であるミュンヘン大学の総長に選出された。日本の林学者ではこうした例は無い。
＊3――これは今でいう「生態系」（エコシステム）である。当時は「生態系」なる概念がなかった。それどころか、そもそも「生態学」（エコロジー）概念すら未整備であった。「エコロジー」の創案者はドイツの動物学者エルンスト・ヘッケル

である。彼は一八六六年に造語したが、概念内容が未熟だったので世の理解を得られなかった。そこで一八七〇年に詳細な内容の定義を公にした。それでも科学とは認められず、単なる思想としか評価されなかった。それが科学として公認されたのは一九一二年の英国生態学会の創立を待たねばならなかった。「エコシステム」概念の誕生はさらに遅い。イギリスの植物生態学者アーサー・タンズリーによって造語され、体系化されたのは実に一九三五年のことだ。

＊4――要するに「林業・林学の基礎は森林生態学である」と主張したことになる。と同時にそれは所詮森への侵襲である林業の目的意識的な穏和化でもある。

＊5――一斉林とは同齢同高単層の森林。単純林とは単一樹種のみから成る森林で「モノカルチャー」ともいう。その大規模なものが「プランテーション」である。

＊6――丸山眞男はロマン主義的思考の特徴を「概念の解体」という（『忠誠と反逆』筑摩書房、一九九二）。

＊7――決断できるとする生態学者は森林生態学者と呼ぶにはあまりにも〝大胆〟である。

＊8――これは元来ドイツ語にある「一〇〇万人の都市」つまり「大都会」を洒落のめしたミュンヘン市民の造語である。だから意訳すると「大農村」となるのだが、人口一〇〇万人だったミュンヘン市に着眼した市民の造語なので、敢えて直訳した。

＊9――「エングリシャーガルテン」とは「英国式庭園」の直訳である。それは王侯貴族の専用地であって人工の極致をきわめた「バロック式庭園」――ヴェルサイユ宮殿のそれを典型とする庭園――を超克した自然景観式庭園である。

＊10――広大な都市林の一つ「フォルステンリーダーパルク」の地下には巨大な貯水槽が建造されている。

＊11――ただし孤立木とはちがって森になると一定の寿命があり、そして樹種によって寿命は異なる。四手井綱英『森の生態学』（講談社、一九七六）と大政正隆『森に学ぶ』（東京大学出版会、一九八三）によれば、スギ林やヒノキ林で三〇〇年、カシ林も三〇〇年、トドマツ林で二〇〇年、モミ林で一五〇年。寿命の長いブナ林でもせいぜい四〇〇年。「天然林はどこへ行っても二五〇～三〇〇年という林齢をいえば大した間違いはない」（四手井）。だから「千年の森」とはあ

くまでも文学的表現なのだ。したがって、「遷移の果てに安定した極相がある」ということは森にはあてはまらない。この「極相安定」説はひょっとしたら欧米人らしいキリスト教の「千年王国」信仰の科学化かもしれない。

＊12――民主党政権時代の菅直人首相が「最新のドイツ林業だ」として輸入し、民主党政権崩壊後の自民党長期政権下の今日でも日本林業界で信奉されている「将来木施業」は優良材が採れると思われた林木を終伐まで保存しておく施業であるから、それは日本の「優良材生産」と同工異曲である。そして古くからの施業法であって、最新のものではない。したがってドイツの進んだ林業地では時代遅れの施業とされている。日本でイメージされているドイツ林業なり、スイス林業なりにはこうした誤認が少なくない。

＊13――ただし択伐の一種である群状択伐は小面積皆伐と実践上は区別できない。また皆伐施業で行われることもある間伐でも、最も合自然的にして経済的な上層間伐（優勢木間伐）は択伐の異名だといえる。このように林業施業の類型は多分に思弁上の便宜のためのものであって、実地においては類型間の相異は曖昧であることが多い。これもまた近代林業が形式等から自由である所以、さらにいえば後述する「フリースタイル林業」が提唱された所以である。なおいうと木材栽培業でも吉野林業の特徴「多間伐－長伐期施業」は通念では皆伐施業とされているが、見方によれば択伐施業の一種ともいえよう。この見解を吉野林業の熟達者である「山守」（不在村大規模森林所有者から経営を委託された者）も賛同する。ただし更新は終伐後に行われるのだから正統な択伐では勿論ない。なお、世界共通語である「終伐」とは最後の伐採のこと。日本では「主伐」というが、何回目かの中間伐採が経営にとって主な伐採というケースがありうるからだ。

＊14――林業が重筋肉労働集約的であるのは、それが近代林業以前の林業だからである。

＊15――「民衆」の意義・役割を超歴史的に高く評価するのが俗流マルクス主義史観である。しかし当のカール・マルクス本人は「人間とは社会的諸関係のアンサンブル」（『経済学・哲学手稿』、一八四四）といったではないか。そして「社会」は「歴史」に強く規定される。したがって人間類型はすぐれて歴史的なものであって、超歴史的に概念してはならない。これがマルクス史観なのではないか。

＊16――原語は「フレッヘンフンクチオーン」なので、この語を早くに輸入した方は「面積機能」と訳されている。しかしこれは直訳に過ぎると思うので、筆者は「用地機能」と意訳したのである。なお、その内容の紹介は前掲ウイーン農林大学『造林学術語辞典』に多くを依拠した。

＊17――彼もまたガイアー同様、一九五三年にミュンヘン大学総長に選出された。

＊18――私事で恐縮だが彼がミュンヘン大学で林業史を講じた時、筆者はそれを受講した。本書のドイツ林業史に係る記述はほとんどが彼の講義と大部の講義録（一九七一、タイプ印刷版）とに拠っている。ディーテリヒの「森林機能論」に係る本書の記述もこの講義に依拠するところが少なくない。付言するとドイツ林業史についてはハインリヒ・ルーブナーの『林業史』（一九六七）も大いに参考になった。同書は副題を「産業革命時代の」としているが、実質はドイツ林業の通史である。そして彼はケストラーの『資本主義と林業』（一九二八）を参考にしているのだ。

＊19――「森林有機体」とは今でいう森林生態系。

＊20――高性能流通が高性能情報活動を含意することは自明であろう。

＊21――引用にあたっては原文の拙訳とともに山畑一善訳（都市文化社、一九八四）をも参照した。

＊22――日本でいえば腰鉈《なた》である。

第5章
林業人はいかにして育てられるか

1　林業は「人」なり

地方林業人の裁量権

カール・ガイアーは「造林とはロカールベアムテのザッヘなり」と定義した。これを意訳すると、「林業とは現地で実際に経営を担う地方林業人の職務なり」となろう。とすると「地方林業人」は「中央」が発する教範、規則、指示の類いに拠ることなく、またいかなる「型」にも施業を嵌め込むことを好まず、ただただ自分自身の判断によって自由に林業を営むことになる。換言すれば、林業は地方林業人が自己の裁量で営むしかないのだ。ヨーゼフ・ケストラーは「林業とはすなわち育林」と規定した上で、「育林はフリースタイルなのだ」とする。だとすればガイアーの主張と同様に、ケストラーもまた林業経営の担い手である現地の林業人は何人にも頼ることなく、何事にも依存することなく、自分自身の判断によってフリーに林業を営まざるをえない、とするのだ。だから全面的な担い手たる地方林業人は経営に全面的な責任を負わなければならない。そして「林業実践とは恒続林施業なり」と唱えたアルフレート・メラーは経営の主体としての地方林業人があくまでも自立的かつ自律的に施業する様を活き活きと描き、「だから林業は芸術の創作活動でもあるのだ」と喝破してその主著『恒続林思想』を結ぶ。

求められるのは自立した人材

この三人に共通する基層主題は、「中央」なり規範なりに依存することなく、森との会話の結果に基づいて主体的に施業できる人材でなければ近代林業は営めないという認識なのである。だから近代林業の成否は結局「人」に懸かっているのだ。主体性をもって林業を自立的かつ自律的に営めるという高度な資質は全ての林業人類型に求められる。そのためにはそうした人材を育成する幅広くも奥深い教育を施す公教育制度が前提になる。その教育の具体的内容はその人物が負う責任に対応した、つまり職種に応じたものでなければならない。そして学習の修了時に受験する難度の高い国家資格試験に合格した者だけに当該職種の林業人たる資格が授与される。つまり有資格者のみが林業に従事できるのだ。[*1] そこで以下、「フォルストロイテ」[*2] と総称されるドイツ林業人がいかにして育成されるのかをバイエルンの例でやや詳しく紹介しよう。

職種等の紹介

フォルストロイテにはどのような職種があるのか、当該職種はいかなる学校で育成されるのか、そして各職種に対応する代表的な職務は何かを紹介する。

① 「高等林業人」（ヘーエラー・フォルストディーンスト）——総合大学林学部[*3]

官民営林署長[*4]、官有林営林局長以下高級幹部、民有林営林局長、農林省高級官僚、大学教授。

②「上級林業人」（ゲホーベナー・フォルストディーンスト）――専門大学校林学部ないし林業専門大学校

官民営林区リーダー（レヴィーアライター）、官民営林署次長、官民営林局・農林省中堅幹部、森林組合常務。

③「林業マイスター」（フォルストヴィルトシャフツマイスター）――森林労働者学校専攻科

林業士からの昇格身分。官民有林における林業作業班リーダー、林業士育成の教員、林業企業代表、林業コンサルタント、森林生態系に係る普及員、環境士、造園士。

④「林業機械技師」（フォルストテヒニカー）――森林学校技術科

林業機械操作主任、機械化営林区リーダー、森林組合の指導者。

⑤「林業士」（フォルストヴィルト）――森林労働者学校普通科

日本でいう林業作業員。ただし造林作業員とか伐採作業員とかの単能工に分業している日本と違って、多能工でさまざまな仕事をこなす。

⑥「森林農民」（ヴァルトバウアー）――森林農民学校

家族経営等小規模林家。同校はその当主・家族・従業員の教育に加えて、小規模な市町村有林（コムナールヴァルト）・共有林（マルクヴァルト　入会林）の従事者、森林組合の組合

長および従業員、小規模な修道院・財団有林・その他各種団体有林の従事者の教育・延長教育をも行う。

⑦「狩猟区主任」（ヤークトレヴィーアライター）——森林学校狩猟科
狩猟区の管理、野生動物の蓄積（現存個体数）ならびに成長量（繁殖数）の把握、持続可能な狩猟、野生動物の保護、林木更新地における獣害の防止。

2　初等教育と「森の幼稚園」

基礎学校

義務教育期間が九年のドイツにあって、人々が最初に学ぶ学校は四年制の「グルントシューレ」（基礎学校）である。そこでの教育のあり方の特徴は各学校に大きく任されていて自由闊達ということだ。その上学校内でも相当程度各担任の自由裁量に任されている。したがって同じ学年でもクラスによって違う。例えばあるクラスは体育や屋外活動が盛んで、冬でも屋内プールへ行く。あるクラスは音楽に熱心で学童が最寄りの教会の聖歌隊であったりもする。教科書は学校の備品で学童に貸し出すシステムだ。どの教科書を採用するかも各担任の教育方針に拠るところが大きい。

学校長の自由裁量権はさらに大きく、市立学校でも市役所の教育部局の掣肘《せいちゅう》を余り感じなかった。林業における現地の裁量権の大きさを連想させられるので、筆者には納得的だった。その代わりというと語弊があるが、学校・学級と父母会とのコミュニケーションが密で、父母会の影響力は大きい。これも営林署・営林区と地域社会の関係に通底する文化である。

「森の幼稚園」

近年は幼稚園に通う児童が増えている。そして幼稚園で人気なのは「森の幼稚園」で、一般的な幼稚園も「森の幼稚園」化が進行しているという。そのことによって多くのドイツ人はごく幼少の時に森に親しみ、森が好きになり、森と林業人の価値を幼心に焼き付けて、「森の民」に育つ。しかしこの「森の幼稚園」は日本人には珍しいものなので、ペーター・ヘフナー『ドイツの自然・森の幼稚園――就学前教育における正規の幼稚園の代替物』（佐藤竺訳、公人社、二〇〇九）に大きく拠りつつ、筆者の見聞をも加味して、その概要を紹介しよう。

第一に、最も注目したのは園児の自由と自発にほとんどが委ねられていることだ。「お遊戯」も「お歌」も無い。まして「お勉強」などしない。だから「森林教室」の類いも無い。[*5] 勉強は基礎学校から大学に至るまでの学校の任務なのである。園児たちは森の中で自分[*6]のしたいことを自由に行う。木登りも火遊びも刃物使いも自由に行わせる。園児の喧嘩《けんか》を保育従事者は仲裁しない。

当事者間の和解を見守るだけだ。未知の動植物はなんと園児自らが図鑑で調べる。筆者が日本では類似物はともかくとして、真正の「森の幼稚園」を創れないと思う最大の理由は、この喧嘩・火遊び・刃物使いを、場合によっては木登りまで幼稚園の園児に自由にやらせることを、日本では父母や所管官庁がまず認めまい、ということだ。しかし微弱な危険を体験しておかないと、今後の大危険を防止しえなかろうに。

とはいえ第二に、これは決して保育の放棄ではない。普通の幼稚園では一クラスに「タンテ」（保母）二人だが、「森の幼稚園」では二人のタンテに一人の「オンケル」（保父）である。しかも一クラスも少人数で、二〇人を超えない。だから「森の幼稚園」は濃密保育なのだ。

第三に、「森の幼稚園」は園舎をはじめ何も無い。有るのは森林生態系のみだ。だから便所すら無い。園児は排泄のおり、自分で穴を掘り、そこで排泄し、排泄し終えたら、穴を土で埋めて、排泄物を土に還元させる。かくして森での遊びから排泄の仕方までを自ら学ぶことで、園児たちは自然の中でのマナーを幼い時から体得するのである。

第四に、これが大事なことなのだが、基礎学校進学後の「森の幼稚園」出身者は普通幼稚園出身者よりも優秀である。授業への集中度が高く、自発的で、好奇心が旺盛、困難な課題に長く耐えて解決法を自分で発見する。クラスに溶け込み、友達と協力し、友達を助け自発的に決まりを守る。

3　中等教育

基礎学校を修了すると、「ギムナージウム」（大学進学校）、「レアールシューレ」（実業学校）、「ハウプトシューレ」（普通学校）のいずれかに進学しないといけない。

実業学校と普通学校

実業学校は、基礎学校修了時に将来の職業が決まっている者が進学する六年制の学校で、日本と違って普通学校の上位に位置する。最初の二年間は試験入学期間で、成績が良くないと普通校に転校させられる。卒業後二年間の森林労働者学校での教育を修了すると、国家資格試験に合格した上で林業士になれる。さらなる教育を望む者は森林学校へ進学して二年間学習すると林業専門大学校の受験資格が取得できる。専門大学校は後記する大学進学校で卒業時に取得する「大学進学資格」（アビトゥーア）の無い者でも入学できるからである。そして林業専門大学校に進学すれば将来、上級林業人になる道が拓かれるのだ。また、最低三年間の林業士職務を重ねれば、森林労働者学校での一年間の補習課程を経て、国家資格試験をパスすると林業マイスターに昇格する。

普通学校は五年制で、ここを卒業して就職した者がホテル学校まである各種の職業学校に通学することを雇用者は認める義務がある。[*7] そして普通学校卒業者には三年間、森林労働者学校で学ぶことが認められている。ここを修了して国家資格試験に合格すると林業士になれる。さらには前述の課程を踏めば林業マイスター受験資格が授与される。

大学進学校

九年制のこのギムナージウム、つまり大学進学校には基礎学校における成績が優秀な少人数の学童のみが進学できる。大学（ホーホシューレ・ウニヴェルジテート）にはギムナージウム出のアビトゥーア保有者だけが進学できる。この学校もまた、最初の二年間は試験入学期間で、成績が悪ければレアールシューレかハウプトシューレに転校せざるをえない。

大学進学校は履修科目が多い。例えば語学では日本の漢文にあたるギリシャ語・ラテン語が必修科目であることは勿論で、その上に多くの外国語から複数の外国語を必修または選択しなければならない。[*8] さらに自然科学・社会科学・人文科学に係る諸科目をたくさん学ばねばならない。

4　零細林家と林業作業員の育成制度

森林農民

一九三七年、バイエルンのケールハイムに設立された史上最古の森林農民学校は「生涯学習はより多くの収穫と安全をもたらす」をモットーにして、家族経営等小規模林家を主対象とし、さらにはいずれも小規模な市町村有林、共有林、修道院有林、その他各種団体有林従業者ならびに森林組合の組合長および職員の質的向上に資すべく、バイエルン森林農民同盟、バイエルン森林所有者同盟およびバイエルン森林組合連合会の三団体が共同で運営している。同校は林業の公教育が整備されているドイツでも珍しい教育機関であって、年平均五万人もの受講者がそれぞれ希望するコースを申し込んで参加する。授業期間はおおむね一コースが最長で二二日から最短で五日、受講料は約六〇〇ユーロから二〇ユーロと思えばよい。原則として学校内の寝室か学校が斡旋する宿泊施設に泊まり込んで履修する。[*9]

主なコースと各コースの科目数は左記のようである。

①造林　一〇、②保育　一〇、③森林利用　一二、④木材収穫　六、⑤森林経営　一五、⑥森林施業と自然保護　一〇、⑦針葉樹施業　七、⑧広葉樹施業　六、⑨混交林施業　八、⑩木材販

売　六、⑪交通安全　七、⑫森林簿　八、⑬林道　五、⑭チェインソー　一四、⑮架線　七、⑯架線と安全　一、⑰木材収穫特別コース　一五、⑱チェインソー事故　一一、⑲労働安全　一八、⑳労災保険　一二

主な特別実習コースは左記の通り。

①架線　②チェインソー　③林業機械　④女性向けの育林　⑤若い森林農民向けの木材収穫

この他、左記の受験勉強コースがある。

①林業マイスター資格試験、②林業士資格試験、③森林組合採用試験

以上を総括して教育の重点項目を挙げよう。

①造林、育林、更新　②木材の収穫と販売　③機械および器具の使用、事故防止　④林道開設と森林保護　⑤経営経済問題、個別経営を超えた共同事業　⑥国の助成施策　⑦既開発国土における森林の意義　⑧森林法の諸規定

林業士

「林業士」とは「ヴァルトアルバイター」（森林労働者）、つまり日本の「林業作業員」に相当しよう。ではなぜ「森林労働者」と訳さないかというと、それは第一にドイツでの呼称の原語が

「フォルストヴィルト」だからだ。これはかつては大学卒業者に与えられた学位の「林学士」のことだった。[*10] 第二に日本の「林業作業員」とは異質の人材だからである。そこで先ず彼らが日本の林業と異なる主な特性を五点挙げ、次いでその育成課程のあらましを紹介する。これによってドイツ林業がいかに強靱な底力に支えられているかが理解できよう。

第一に、この職種に対応した森林労働者学校（ヴァルトアルバイターシューレ）があって、林業系実業学校出は二年間、普通学校出は三年間、非林学系の大学・専門大学校出なら一年間同校で学んだ上に資格試験に合格しなければ就けない職種である。

第二に、森林労働者学校の教育には個別経営を超えた連合会等に就職するための職業教育科目も含まれている。

第三に、その職業教育期間は実業学校六年間・森林労働者学校二年間の合計八年間と長い。そして専門大学校卒ばかりか大学卒（アカデーミカー）も林業士には少なくないのが現実である。

第四に、造林から伐採・運材、防災、風致造形、環境保護までこなす多能工である。なかには製材、木工の技術を持つ者もいる。

第五に、多能工でありながら、各作業の技術が高い。

林業士の育成制度

繰り返すが、林業士になるためのオーソドックスな教育課程は先ず六年制の林業系実業学校で林業に係る理系・文系の座学と実習の教育を受けた後、森林労働者学校に進学し、二年後の修了時に国家資格試験に合格すれば林業士になれる。要するに林業士になろうとすれば、林業系実業学校プラス森林労働者学校での合計八年間の公教育を受けてから、さらに国家資格試験にパスすることだ。いかに彼らが日本の林業作業員とは違うかがわかる。だから彼らは社会的評価が高く、経済的処遇も良く、一種憧れの職業であるから、専門大学校卒、さらには大学卒の林業士も少なくないのである。

森林労働者学校は州立（農林省森林庁所管）三校の他、いくつもの私立学校が最近創立されているという。なお、アルプス山麓にあるバイエルン州立ラウバウ校は架線集材を含む各種山岳作業の教育を重点とするバイエルン以外では珍しい労働者学校なので、広く州外・国外からの生徒も進学して来る。さらにはミュンヘン（工科）大学林学部学生の実習もここで行われる。その際、特に冬季山岳林実習が重きをなす。

森林労働者学校の主要座学科目

同校のカリキュラムは実技科目と座学科目とから成っている。同校の性格上、実技科目は当然

のことなので、これは省略し、オーソドックスな学歴の者に係る教科内容の座学科目を、しかも主要科目のみを紹介する。これを見るとドイツの林業作業員の教育水準は日本の林学系大学のレベルを超えているとさえいいたくなるのだ。

(1)林業経済等

①国民経済中の林業経済の意義、②林業関係官公庁と組織、③林業経営組織論、④教育・延長教育、⑤林業と自然保護・風致保育、⑥林業労働論・労働者の権利・社会保障・林業士向け特別社会保障

(2)林業労働の人間工学

①労働安全・事故防止、②人間と労働、③人間－機械関係論

(3)コミュニケーション

①内部の人間とのコミュニケーション、②外部の人間とのコミュニケーション、③プレゼンテーション

(4)森林造成

①樹木学、②森林立地学、③種子論・採取器具・種子選別・播種術、④天然更新論、⑤土壌・地質学、⑥土壌改良、⑦森林造成作業全般

(5) 森林保育
①森林の構造、②保育、③枝打ち、④間伐
(6) 森林保護学
①病虫害論、②病虫害防止論、③鳥獣害防止論、④気象害論、⑤気象害防止論、⑥森林火災の原因と消火
(7) 木材収穫
①林分情報、②伐採手順、③伐採作業
(8) 原木仕分け
①欠陥木選別、②原木計測、③有利販売に資する原木仕分け
(9) 集運材と貯木
①集材、②運材、③貯木
(10) 森林副産物
①森林副産物の種類、②森林副産物利用全般
(11) 林内道路
①道路開設作業全般、②道路開設資材、③道路メインテナンス
(12) 林業機械

①内燃機関式機械、②チェインソー、③牽引用車両、④小機械類、⑤燃料、⑥潤滑剤、⑦機械作業、⑧機械整備

(13)林業用具

①林業用具全般、②林業機械附属用具

(14)原料用材

①建築用材、②その他用材、③バイオマス、④化学産業マテリアル、⑤木製器具、⑥木工材料

(15)レクリエーション

①森林のレクリエーション機能、②レクリエーション用施設と用具

(16)国土保全

①森林の保全機能、②自然保護、③風致保育

(17)狩猟経営

①狩猟動物の種の同定、②狩猟方法、③狩猟経営の諸施設

国家資格試験

森林労働者学校第一年次修了後に左記の五問題の中間試験を受ける。これをパスしなければ二年次に進級できない。

①造林と育林、②国土保全、③木材収穫、④林業機械技術、⑤経済学と社会学教育課程修了時に中間試験と同じ科目での筆記試験（一日間）と⑤を除く実技試験（同）の国家資格試験を受け、合格すると林業士の資格を取得する。

林業士の進路

国公私有林職員、造園、土木、防災、風致造形等の職業がある。そして最低三年の林業士経験がある者は一年の延長教育課程を経た後、国家資格試験に合格すると林業マイスターに昇格する。さらには林業専門大学校に進む者もいるという。

５　上級林業人と高等林業人の育成制度

上級林業人の誕生

一九七二年一〇月一日、ミュンヘン北郊のワイエンシュテファンに、ドイツ語圏最初の林業系の専門大学校（ファッハホーホシューレ　略称ＦＨ）が創立された。これはこれまで営林区を担当してきた「古典的フェルスター」よりはるかに高度な人材で、卒業後「営林区リーダー」たるべき「上級林業人」を育成する准高等教育機関なのである。同校の創立はかつての「営林署制

度」創設[*11]以来の画期的な制度改革[*12]である。

今や林業を取り巻く環境は劇的に変わった。総じていえば森林利用の広範化・多様化・高度化。すなわち林業の一層の多機能林業化が社会に強く求められるようになった。より具体的にいうと、従来型の木材需要の一層の増大、新規木材需要の発生、地下資源依存型文明への疑念、化石燃料と核燃料への批判、環境意識と自然志向の高まり等、森林生態系のトータルな意義の認識に係る新たな状況が生まれてきたのだが、こうした新状況に森林学校を卒業しただけの「フェルスター」はとても対応できないのだ。そこで「上級林業人」が育成されるようになったのである。

上級林業人に求められる能力

㋐ 施業を構想し、それを実施する能力
㋑ 労働安全確保および事故対処の能力
㋒ 作業工程について熟慮できる能力
㋓ 施業と作業についてのプレゼンテーション（草案の作成を含む）の能力
㋔ 安定的な森林を造成し、人工造林と天然更新にとって有利な条件を構築できる能力
㋕ 森林保育と森林開発の指針を示す能力
㋖ 育林が有利に実行できるよう伐採林木を選木し、それを伐採する能力

㋗　そのことによって森林をより一層発達させる能力
㋘　木材の持続的利用を計画し、それを実践する能力
㋙　より多量の木材を収穫することではなく、後継林木が成育するように伐採することを配慮する能力
㋚　収穫した木材を合理的に販売する能力
㋛　収穫した木材がより広範な用途を持つよう仕分けする能力
㋜　燃材およびクリスマスツリー等の林産物を地元に適切に販売する能力
㋝　部下を巧みに指揮指導する能力
㋞　環境・自然保護と森林レクリエーションの施策を立案し、コーディネートする能力
㋟　林業経営の代行者である能力
㋠　経営成果を分析し、統計を完備し、経営の最適可能性を追求する能力
㋡　外部に対して森林の重要性と営林組織の任務を説明できる能力
㋢　森林組合の経営を指導できる能力
㋣　実習生ならびに見習森林官吏を指導する能力
㋤　狩猟を管理する能力
㋥　林地を管理する能力

この種の能力はかつては営林署長のみに求められていたのである。社会の森林に求めるものがいかにハイレベルかつ多くの機能になったかを、だから上級林業人が負う責務の重さを雄弁に物語っている。

上級林業人の業務

そして後論する日本的フォレスターの「総合森林監理士」と正確に比較するため、このような求められる能力とともに、上級林業人の主な営林に係る業務事項[*13]も紹介しよう。

①安定的な森林を造成する。
②育林が有利に実施できるようベターな林木を伐採するが、その林木を選抜し、マーキングする。そして伐採後、森林が一層発達するよう然るべき処置を行う。
③収穫する林木が二次加工以降の利用にとって高価値かつ再生可能な原材料であるべく林木を保育し保全しておく。
④次世代林木の成長以上に林木を伐採しないよう厳重に管理する。
⑤伐採した林木を適切に販売する。だから原木の適切な仕分けを行う。
⑥地元に燃料用木材およびその他の林産物（例えばクリスマスツリー）を販売する。

⑦部下である労働者の就労を指揮し、勤務評定を行う。
⑧機械類が森林・林木に優しく稼動すべく、作業を組織し、監督する。
⑨所要の林道網、林内貯木場を造成し、運材車を稼動させる。
⑩狩猟を行い、狩猟経営を組織する。
⑪森林における自然保護と風致保育の重要性を充分に考慮する。
⑫自然災害や人間の過剰侵襲から森林を防衛する。
⑬森林案内を実施し、レクリエーション客にサービスする。
⑭経営沿革を記録し、今後の営林指導に資するべくデータを整理する。
⑮見習森林官の育成を行い、森林実習生の実務研修を担当する。

これらの多くもまた、かつては署長の専管業務であった。

林業専門大学校概説

上級林業人を育成する林業専門大学校は大学といくつかの点で異なる。主な相違点を二つ挙げると、第一に教授資格（ハビリタチオーン）の授与権は勿論のこと、博士の学位授与権も無い。第二にギムナージウム出が取得するアビトゥーアの有無が入学条件ではないことである。つまり

ギムナージウム卒業者以外の人にも門戸を開いている。その典型が林業系実業学校＋森林学校（二年制）の卒業者だ。そして非林学系大学・学部卒業者も入学試験の受験資格がある。ただし、これらは一年間の林学系事前教育を履修することが条件である。

上級林業人の育成過程

このように学歴がさまざまなので、学歴によって必要修学年数も長短がある。そこでここでは最もオーソドックスなケースを紹介しよう。すなわち基礎学校四年間の後、成績優秀な者が林業系実業学校で六年間学ぶと二年制の森林学校に進学する。そうして林業専門大学校の入学資格がえられる。入試に合格した者が学ぶ林業専門大学校の履修課程は最短で三年間の実習を含む授業と最短一年間の実務教育が待っている。履修すべき主な教科は左記の通り。

植物学、森林生態学、森林成長学、造林学、動物学・動物生態学、植生学、地質学、土壌学・立地学、狩猟学、気象学、化学、森林栄養学・土壌保護学、木材収穫学、林道学、測量学、森林計測学、木材学・木材利用学、森林教育学、林業労働学、情報学、経済学、社会学、法学、史学

卒業試験は八教科合計三六時間の筆記試験、二教科各三〇分の口頭試験、未知の森林内での造林学および木材収穫学について各三〇分の口頭試験である。これに合格すると准林学士の学位が授与されるが、上級林業職の資格はその後の一年間の予備実務研修を行ってから国家資格試験に

合格しなければ取得できない。

こうした最短でも一三年の林業教育課程を経て、ようやく営林区リーダーに就任できる。

高等林業人になるまで

やや繰り返す点もあるが、先ず四年制の基礎学校の後、九年制の大学進学校に進学する。ただし最初の二年間は「仮り在学」なので、ここで好成績をあげねば七年制の本科には進級できない。無事卒業してアビトゥーア取得試験を受ける。試験成績が最高位の一点から四点までが合格点数である。普通一般の大学ないし学部はアビトゥーアを取得すると直ちに入学できるが、林学はそうは行かない。六ヶ月間、主として教育営林署[14]の資格を持つ国有林（＝州有林）の営林署において実務研修を行って、署長のＯＫが出るとようやく入学願書を出してヌメルス・クラウスス（ＮＣ）という足切り制度による審査の結果を待つのである。

大学生活は最短で三年半。[15]加えてドイツの大学は複数専攻制だから、他学部、それも林学から遠く離れた分野も履修しなければならない。例えばカトリック系神学部[16]で「三位一体と異端の関係」とか国際連携部局での「外国語としてのドイツ語」とかを履修し、主専攻である林学と共に副専攻の卒論を書く。

以上が修了すると林学士の学位が授与される。その後の二年間、国有林営林署で実務研修を終

えてから、「大林学国家試験」という、日本でなら医師国家試験や司法試験に相当する超難関を突破してはじめて高等林業職の資格を得る。こうしてギムナージウムという日本には無い高度な中等教育を九年間受けた後、半年の入学事前実習を含む三年半の大学生活と二年間の実務研修という、最短で五年半、ギムナージウムを含めると計一四年六ヶ月の教育課程を経てようやく高等林業職という資格が得られるのである。ドイツ語圏の高等林業人が非常に博識である所以だ。

なお付言すると、ドイツの大学林学教授は高等林業人の資格を持っている。それは大学医学部の臨床系教授が医師資格を持っていることと同じである。逆もあって、本省の幹部や営林局長・営林署長で教授資格を持つ人も稀ではない。まして博士であるキャリア官僚などはざらにいる。つまり教授をはじめ林学系大学教員はフォルストロイテの一員なのだ。とりわけ高等林業人と大学人とはお互いに「コレーゲ」（同僚）と呼び合う。ドイツに視察で行った日本の林学者の少なくない人々が「ドイツでは博士の営林署長がいる」と感心するのは、そのためである。

6　ドイツ語圏の「フォレスター」

日本的「フォレスター」とは

日本林業の衰弱からか、昨今日本の林政界林学界ではドイツ、スイス、オーストリアといった

ドイツ語圏の林業が静かなブームとなっている。二〇一七年度『林業白書』がオーストリア林業を大きく取り上げたほどである。また同『林業白書』は「コラム」で「スイスのフォレスター養成校からの実習生受入れの取組」を大々的に報じている。

ところで、すでに見たように、ドイツでは林業人にはいくつかの職種がある。スイスやオーストリアでも同様である。そこで筆者が質問したいことは日本で昨今盛んにいわれている「フォレスター」がドイツの林業のどの職種に相当するのかである。そこで先ずは日本でいう「フォレスター」とはどのような職務内容の者なのかを確認しておかねばなるまい。

林野庁が『林業白書』やホームページで「森林総合監理士（フォレスター）」と書くのを見ると、日本の「フォレスター」とは「森林総合監理士」のようである。林野庁のホームページによると、二〇一六年五月の閣議決定「森林・林業基本計画」を実現するために必要な要員であることの森林総合監理士は「森林・林業に関する専門的かつ高度な知識及び技術並びに現場経験を有し、長期的・広域的な視点に立って地域の森林づくりの全体像を示すとともに、市町村への技術的支援を明確に行える」者とのことである。その業務は次の三点である。第一に「地域の森林整備、木材産業の活性化の進め方について、自然的・社会的条件を踏まえ、長期的・広域的な視点に立つ構想（マスタープラン）を描く」こと。第二に「地域の森林・林業関係者（森林所有者、森林組合、木材生産業者、木材加工業者、行政関係者等）や住民の間の構想（マスタープラン）につ

いての合意形成を図る」こと。第三に「構想（マスタープラン）の実現に向け、制度や予算等を活用しながら具体的な取組を進める」こと。

要するにプランナー・アドヴァイザー・コンサルタント・コーディネーターであって、彼が所有または保有または所管する森林の施業を実施する者ではないのだ。論点を先取りすると、この一点だけで、すでにドイツの林業人たちとは類を異にするといえる。なぜならドイツ林業人はあくまでも「実践の人」だからである。

日本の森林総合監理士とドイツの上級林業人

それは今は措くとして、日本の森林総合監理士がドイツのどの職種に対応しているかを真正面から検討してみよう。その際ドイツの林業人中「森林農民」「林業技術技師」「狩猟区主任」は除外できる。また合意形成業務中、林業労働者は「森林・林業関係者」としては例記されていないので「林業士」と「林業マイスター」も除外してよい。すると残るは「高等林業人」と「上級林業人」の二職種だが、森林総合監理士を最上級の職種「高等林業人」に相当する者とは考えていないようだ。なぜならドイツにおける高等林業人の育成は先述したように極めて高度なもので、医師育成よりも難関だといっていいえなくはない。ほんの一例を挙げると、両者を育成する大学の数的格差である。林学教育を担当するドイツの大学はドイツ全土でドレスデン工科大学、ゲッテ

ィンゲン大学、ミュンヘン工科大学、フライブルク大学の僅か四大学にすぎない。これに対して医学系大学は実に多数ある。例えばミュンヘンという一都市にミュンヘン大学医学部とミュンヘン工科大学医学部の二つある。だから受験生にとって選択肢が林学系より多いのだ。加えて日本にはドイツの高等林業人育成制度に匹敵する教育体系は無い。だから森林総合監理士と対応するらしい職種は上級林業人に絞られる。

とはいえ結論を先にいってしまうと、ドイツ上級林業人の業務事項は森林総合監理士のそれとは全く違うのだ。例えば上級林業人は森林総合監理士の主務である「マスタープラン」の立案・合意形成・実現の取り組みなどはしない。さらにいうと上級林業人の場合はその能力と業務が具体的かつ網羅的に紹介できるのに対して、森林総合監理士の能力と職務はいたって抽象的かつ簡素にしか当の林野庁が紹介できないのだ。そしてドイツ上級林業人の業務は実に多数であるにもかかわらず日本森林総合監理士の業務に相当する業務は一つも無い。繰り返すが、森林総合監理士が林業経営の主体ではないのに対して、上級林業人は林業経営のリーダーなのである。しかも、そもそも上級林業人と森林総合監理士とでは教育歴が質的にも量的にも決定的に異なる。以上からドイツの上級林業人と日本的「フォレスター」とは次元を異にするので比較のしようがない。要するには日本的「フォレスター」を森林総合監理士とする限り、ドイツにはそれに対応する林業職が無いのである。

確認のために繰り返すが、林野庁が「フォレスター」とする森林総合監理士は以上見た通りいうなれば「非実践の人」である。ところが同じ二〇一七年度『林業白書』は、終章で詳述するが、奈良県がスイスのリース林業教育センターと交流を協定して、同センターの四人の生徒を受け入れたことを「コラム」まで設けて特筆し、同センターを「フォレスターを養成する二年制の訓練校」と紹介した。だから同センターの卒業生を林野庁は「フォレスター」とするのである。そしてこのスイスの「フォレスター」はあくまでも「実践の人」なのだ。だから林野庁は一方では「非実践の人」を「フォレスター」としながら、他方では「実践の人」を「フォレスター」とするのである。これは明かに自家撞着である。ここで断っておく。筆者は「非実践の人」を「実践の人」より低く見る者ではない。彼らもまた林業経営・林業行政にとって不可欠の人材である。林野庁がどのような職務の人を「フォレスター」とするかを明らかにするために職務を類型化したにすぎない。

本題に戻ると、このように林野庁が自家撞着に陥っているからには、ドイツ語圏における「フォレスター」がどのような人々なのかを改めて知る必要がある。そこで先ずオーストリアとスイスの例として二〇一七年度『林業白書』の説明を読んでみる。次いでドイツの場合を筆者が紹介する。

オーストリアの「フォレスター」

『林業白書』はオーストリアの林業をあるべき日本林業のモデル視して実に多くの紙幅を割いており、そのオーストリアの「フォレスター」を次のように記述している。

「オーストリアのフォレスター制度は連邦の制度であり、フォレスターは、大学等の卒業及び国家試験合格といった条件を満たした上で、林業に関する行政機関でインターンを終えた者に与えられる国家資格である。同国では、一定以上の森林を経営する場合には、フォレスターの有資格者を配置することが必要とされている。このため、フォレスターは、連邦政府や州政府のほか、農業会議所やＷＷＧ（林業組合）、ＷＶ（林業組合連合会）、一定以上の大規模な森林を所有する経営体や大規模製材工場等に就職し、専門的な知見を持って森林の経営管理や林業経営の集積・集約化[*17]、大量の木材調達等の実務に関わっている」。だから日本の森林総合監理士とは違って、彼らはあくまでも「実践の人」なのだ。

スイスの「フォレスター」

次に『林業白書』がスイスの「フォレスター」をどう認識しているかを見よう。

それは、奈良県が一九六九年に創立されたスイスのリース林業教育センター（以下、「リース校」と略記）と「経済性と環境保全を両立する森林管理の実現に向け、林業の職業教育と研修を

含む森林・林業に関する積極的な交流と協力を発展させる旨の覚書を締結した」ことを敢えて「コラム」を一つ設けて特筆している。そして同校を「フォレスターを養成する二年制の職業訓練校」と記した『林業白書』は同校の生徒の奈良県での活動振りを次のように紹介する。

「スイスのフォレスター養成の最終課程では海外［国外?］で実習を行なうこととされており、この覚書に基づき、平成二九（二〇一七）年六月から七月に、同センターに在籍している実習生四名を受け入れた。実習は、森林作業員の安全管理に対する検討、スイスのシステムをベースにした森林管理手法の検討等をテーマとして実施された。実習成果として、日本の林業現場での安全教育の普及が遅れていることについての問題提起や、人工林を針葉樹と広葉樹の混交林[*18]へ誘導するための手法の提案がなされた」。これもまた「実践の人」である。

そして次のように注記する。

「スイスではフォレスターは連邦法に基づき州が養成することとなっており、同センターは一一州が出資して運営されている。スイスのフォレスターは国家資格で、子供に人気のある職業であり、主に市町村に雇用される公務員として、数百から千haの同じ森林を定年まで管理する。業務は[*19]、伐採木の選定、作業の指示や発注、木材の販路の開拓、保安林関連業務、生物多様性の保全、市民との交流など多岐にわたり、幅広い知識、高いコーディネート能力やコミュニケーション能力が求められる」

参考までにリース校の卒業生がドイツ・バイエルン州の林業制度ではどの職階に位置するかを比定すると、同校の修業期間が二年であること、同校の上に「応用科学大学校」こと四年制の専門大学校という准大学があること、定年まで同一森林を経営することから、[*20]バイエルンなら彼らの身分は営林署の出先機関である営林区のリーダーの下位だと考えられる。後述する「古典的フェルスター」に相当するか、あるいはひょっとすると林業マイスター（主任作業員）相当かもしれない。そのような職階の人材にしてこのようにいくつもの重い業務を遂行できるだけの高い資質の持ち主であることを、[*21]フォレスター問題、ひいては人材問題の検討に際して、日本の林野庁、自治体林業部局と民間林業人は肝に銘ずべきなのである。そうしなければ、日本における林業の担い手のあり方と育成とをいくら云々しても、スイスの林業及び林業制度を参考にしたことには全然ならない。

生きている死語「フェルスター」

ドイツには「フォレスター」なるフォルストロイテは昔からいなかったのか。言語学的にいって英語の「フォレスター」に対応するドイツ語は「フェルスター」である。そしてかつてドイツにも「フェルスター」が実在した。いや、実在したどころかフォルストロイテの中で最も人気のある職種だったのである。だから日本的にいえば歌謡曲の主題にさえなっている。それどころか

軍隊の行進曲においてもそうだ。例えば劇映画でも記録映画でもドイツ軍将兵が行進しているシーンのバックミュージックによく使われる行進曲はフェルスターの美しい娘をテーマにしたものである。それほどフェルスターはドイツのフォルストロイテの代表者だったのだ。

しかし時代の変化は酷い。社会の森林・林業に対する新しいニーズにフェルスターたちは対応できなかった。林業専門大学校出身の新たな人材が彼らに替わった。職名も「レヴィーアフェルスター」（営林区森林吏）から「レヴィーアライター」（営林区リーダー）に替わった。職階名も生まれた。「ゲホーベナー・フォルストディーンスト」（上級林業職）である。要するに「フェルスター」は止揚されて上級林業人となったのだ。だから「フェルスター」なる名称も死語となった。とはいえ「フェルスター」がドイツ人に最も愛されるフォルストロイテであることには変わりない。歌曲以外の例を紹介すると、彼らの居た建物（フェルスターハウス）は今では「フォルストハウス」といって極めて人気のあるカフェ・レストランを兼ねた宿となっている。だから新世代のフォルストロイテたちも、「フェルスター」を「昔いた時代遅れの森林吏」などとはいわず、敬愛と郷愁から「古典的フェルスター」と呼ぶのである。

「フェルスター」は生きている死語なのだ。したがって、制度的には全くの誤解だが、日本人が、現役のフォルストロイテの代表ないし象徴を意味する言葉と思って、尊敬を込めて「フォレスター」というのを聞く時、ドイツのフォルストロイテたちは微笑むに違いない。

7　日本林業と担い手問題

日本人の問題意識

以上、ドイツ近代林業およびその担い手のドイツにおける育成制度を見てくると、林業人以外の一般的な日本人は次のような問題意識を持つだろう。

第一に、日本の森を一〇〇年、二〇〇年と、持続的に多様な生産林として造る人材をどのように育てるか。

第二に、スギやヒノキの一斉皆伐林を、どのようにして多様な生産林と市民の森との両立可能な森に転換していくのか。

第三に、この転換の担い手をこれからどのように育てるのか。

こうした問題意識に対する私なりの応答を以下述べてみる。

単なる持続的な生産林の施業なら誰でも可能

「森林を皆伐する➝伐採跡地にスギならスギの単純林を人工造林する➝それを再び皆伐する➝その跡地に再びスギならスギの単純林を人工造林する……」

こうした循環する施業を行えば、つまり先に紹介した林野庁がいうところの「循環的林業」を行えば生産林を持続させることができる。こうした単純林の「循環的林業」なら日本林業の一般的な施業であり、昔も今も日本中で行ってきていることであって、別に優秀な「人材」を必要とはしない。「プロ」でなくても実行できる。さらにはいわゆる「不在村地主」（森林の所在する地域外に住む所有者）でも皆伐跡地で「循環的林業」を営む意欲のある者であれば、それが可能なのだ。そして日本の場合、大規模林業は圧倒的多数がこうした「不在村地主」の林業経営なのだ。奈良県の有名な吉野林業がその典型である。

しかしこれは「持続的に多様な生産林」の保続ではない。しかもこの「循環的林業」には生産機能の次元でも国土保全機能の次元でも由々しき難点（第2章参照）のあることは、例えば奈良県が受け入れたスイスのリース校の生徒ナタナエル・ギルゲンでさえ、その卒業論文「スギ・ヒノキ人工林から天然更新林への移行を促す試験林の設定」（二〇一七年八月二五日提出）で詳述しているほどである。だから筆者が望み、一般的な日本人も望むものはこうした「循環的林業」ではなくて、「日本の森林を持続的に多様な生産林として造る」こと、つまりは知識集約的産業である多機能林業を造成することである。しかしこれには特殊な人材、すなわち近代林業を担える「プロ」の林業人が必要である。だが不幸にして日本ではそうした人材は先進林業地の奈良県においてすら稀少なのだ。このギルゲンも吉野林業のメッカ川上村ならびに十津川村の林業人に

ついて「近自然的な森造りに係る知見を持ち合わせていない」とも「近自然的な混交林への移行に係る本質的知見が不足している」とも指摘する。[*22] だから人材育成問題は日本林業にとって一刻も早く打開すべき喫緊の課題の一つなのである。

多様な生産林の典型は恒続林

近代林業とは一言でいえば第４章で詳述した多機能林業である。そして多機能林業は多様な生産林の持続経営と同義語である。多機能林業なら森林の持つ多様な諸機能を相互に対立することなく並行して発揮させることができる。だから林業の多機能林業化がまさに「持続的に多様な生産林」への日本の森林の転換なのだ。この多機能林業を持続的なものにする方法はいくつもあるが、最適の方法はこれまた第４章で詳しく紹介した恒続林施業、すなわち森林状態を恒続させつつ、つまりは裸地化させることなく、継続的に木材を収穫する施業法である。

この恒続林での収穫は商品価値の高い林木を択伐するのであるから、恒続林はいうなれば高付加価値生産林でもある。だから森林所有者や吉野林業に見る「山守」のような受託営林者やらは経済的モティヴェーションからだけでも恒続林施業を行おうとする。それ故に例えば公権力による強制がなくても、生産林と「市民の森」等のいわゆる公益林とが自ずとハーモニーを奏でる林業を経営できる。だからメラーがいうように、恒続林施業はどこでも即座に実行できるのだ。し

かしこれを日本で実行しようとすれば問題がある。一九二二年にメラーが体系化して以降、恒続林施業はドイツでは人口に膾炙《かいしゃ》した類型ないし概念である。メラーの『恒続林思想』を一九二七年に東京営林局長平田慶吉が翻訳して同局の機関誌『東京林友』に連載し、後の一九三七年に岩波書店から出版した。にもかかわらず日本では恒続林施業はほとんど経験がない。正確にいうと、試験地ならあるが、「産業としての林業」の恒続林施業は営まれていないにほぼ等しい。それのみかそもそも「恒続林」という単語自体が世に周知されていないのだ。いや、今日では林業界でさえほとんどの一般林業人が「恒続林」の実体は勿論のこと名称も知らないのである。だから恒続林施業を実施するためには、先ず恒続林なるものを周知させ、次いで恒続林施業の担い手を育成することが必要なのである。換言すれば「単純林から、多様な生産林と市民の森の両立可能な森への転換」は啓蒙と教育によってはじめて実現するのだ。その具体的な方法は後述する。

単相な森林の恒続林への転換方法

現状の森林の恒続林への転換は、良き担い手さえいればいたって容易である。

先記した問題意識における「一斉皆伐林」とは皆伐系の同齢単層単純林と解してよい。今の日本人の林業観を支配しているスギ・ヒノキ人工林はその最たるものだ。これに対して恒続林は択伐系の異齢多層混交林である。

スギ・ヒノキ人工林といった単相な森林が中高齢林の場合、群状択伐ないし小面積皆伐を行って収穫した木材を販売しつつ、林冠に穴（ギャップ）をあけてそこから陽光を林内に照射させることにより、それまで地中に眠っていた郷土樹種的な種子を発芽させ、また上層木に被圧されていた中下層木と林床植生の成長を促進する。場合によってはできた空き地に広葉樹やスギ・ヒノキ以外の針葉樹の苗木を植えつける（「樹下植栽」）。かくして異齢多層混交林が天然更新で、あるいは天然更新と人工造林の併用で造成される。この場合の問題は林冠のどこでどれほどのギャップをつくるかである。それを判断できる良き担い手が求められるわけだ。

その森林が弱齢林ならば技術的にはより簡単である。除伐、すなわちスギやヒノキ以外の樹種の排除（農業でいう除草）を行わず、生えて来る物は全て生えさせるのだ。そうすると自ずと異齢多層混交林が造成される。スギやヒノキと他の樹種とのいわゆる「種間競争」も自然に任せておけばよい。スギやヒノキ同士の「種内競争」はこれを利用して間伐ないし択伐を行って、多層混交林化を一層促進する。

そして将来いかなる樹種の、いかなる形質の、いかなる樹齢の林木が商品価値の高い物になるかは予断不能な林業にとって、こうした多様な森林、つまり異齢多層混交林はいかなる需要にも即応できる、すこぶる経済的な森林の造成だから、森林所有者には自己の森林を恒続林へ転換するモティヴェーションが高まる。再言するが、この転換は経営経済的にも容易である。そして、

いったん異齢多層混交林ができあがれば後は恒続林施業を行っていくだけである。かくして多機能林が造成され持続されるのだ。

先述したように、森林の諸機能を大別すると「生産機能」「保全機能」「レクリエーション機能」の三大機能に総括できる。多機能林業とは一つの森林に三大機能を同時に発揮させる林業である。だから機能間の対立は生じない。また、恒続林の恒続林である所以は森林状態の恒続であるから、自ずと三大機能が発揮され続けるのだ。つまり自動的に「持続的に多様な森林」となる。そして「市民の森」とは煎じ詰めればレクリエーション林だが、多様な森林こそがレクリエーション林に最も適した森林なのである。

多様な生産林の担い手の育成問題

いずれにしても「人材」、つまり「担い手」の実在、だからその育成が必要なのだが、日本林業にとってこれは最大の難問である。求められる担い手とは前述した林業人類型の中での「高等林業人」と「上級林業人」の両者、せめて「上級林業人」であるが、ドイツと違って日本の場合、こうした高級人材を育成する学校が無い。それどころか林業人一般を育成する公教育制度が実質的には無いに等しい。したがって現状ではこうした人材は求めて求めがたいのだ。

そこで当面の便法としておおむね三年制の森林大学校（仮称）を都道府県が単独または連合で

創設して、「林業マイスター」級の人材を育成する。その場合、現在すでに林業を職業としている者の履修を認めるという、スイスの「デュアルシステム」（職学二本立て制度）をも採用する。ドイツ人とて生まれながらにして近代林業人なのではない。そうなるためには不断の教育と自己啓発が必要なのである。だからドイツ、スイス、オーストリアでは「フォルトビルドゥンク」（再教育・延長教育・生涯教育）が極めて重視されており、そのための教育機関が完備している。ましてや日本ではこの「職学二本立て制度」によるフォルトビルドゥンクがドイツ等以上に重要であることは、既述した真の「プロ」の不在状況からも明らかである。

こうした過渡期的措置を講じつつ目標とする教育制度、つまり義務教育修了後に進学する、充実した教育を行う林業学校システムの設立を待つのである。なおいえば義務教育においても初年度から卒業まで一貫して森林生態学を基礎とする森林林業教科を学ばせたい。これこそが理想的な林業教育体系なのだ。その場合、初期から樹種の和名とラテン名（いわゆる学名）をも教授したいものである。人間は、乳児の時期は別として、年齢が低いほど記憶力が高いからだ。ラテン名を知っておくと国の東西南北を問わず、先進国・発展途上国を問わず、樹種が国際的に通じる。しかも樹種間の類縁関係も自然と知ることができる。しかし、その前提が教育者自体の養成であることは多言を要しない。つまり林業教育の刷新は日本の教育制度総体の改革に直結するのである。

「多様な生産林と市民の森の両立」は可能か

「現状のスギやヒノキの一斉皆伐林を、どのようにして多様な生産林と市民の森の共存可能な森に転換していくか、その担い手をこれからどのように育てるか」は前記のような担い手問題に比べると容易な課題である。

「市民の森」化はすぐ後論することにして、先ずは「多様な生産林」に注目してみると、「スギやヒノキの一斉皆伐林」を「多様な生産林」である択伐系の異齢多層混交林へ転換すること自体は日本のような生態学的環境においては特定の施業を必要としない。だから、択伐木の選抜問題を除けば、特定の担い手を必要としない。事実、第2章で詳述したような森林所有者の強い「伐り控え」傾向、すなわち同齢単層単純林の造林と保育の手抜きがそうした森林を自ずと異齢多層混交林へ転換させつつある。この事態をマスメディアとそれが醸成する世論は「施業放棄による森林荒廃」と誤解しているが、これが真に問題なのは恒続林施業を典型とする知識集約的な林業への目的意識的な転換ではないということだ。この近代林業への転換なら、単なる「多様な生産林と市民の森との両立」とは違って、高度な担い手の実存が大前提である。

森林の「市民の森」化とは「森林所有者以外の者である市民がその機能を享受できる森」と言い換えてよいから、それに期待される機能は先述したように森林の三大機能である生産機能・環境保全機能・レクリエーション機能のうちの第三の機能であろう。そして「市民の森」はそれが

森林でありさえすればよいのである。単純林か混交林か、人工林か天然林か、生産林か公益林か、といった森林の類型をレクリエーション機能は問わない。

森林の具体的な存在形態が問われるのは、当該森林がレクリエーション林としてより適した森林かどうかという、より高い次元での審美的価値判断の問題なのである。「多様な生産林」は同時にレクリエーション林でもある。なぜなら多様であれば森林は多彩である。多様多彩な森林こそがレクリエーション林として最適な森林なのだ。それを造成し維持するためには森林美学の素養のある担い手が必要なのだ。このように、近代林業の担い手は万学の人であらねばならない。しかも林業技術万般の体得者であらねばならない。そして山に登れなければならない。要するに必要な人材はいわゆるゼネラリストであって、スペシャリストではない。だからこそドイツでは林業人の社会的地位が非常に高いのだ。したがっていわゆる「その道一筋」の人は不適任となる。

「市民の森」に戻ると、その実現にとっての当面の問題は森林所有者がそれを認容するか、それとも拒否するかである。森林のレクリエーション機能を十全に市民が享受できるのは、次章で紹介するドイツ等の「森林立入権」（ヴァルトベトレートゥンクスレヒト）、まるで基本的人権のように扱われているこの権利が法定されている場合なのだ。したがってコトは林業上の問題というよりも、国の法律や地方自治体の条例といった立法上の問題である。森林立入権によってレクリエーションが目的ならば、私有林であろうが、公有林（都道府県・市町村有林）だろうが、国有

林であろうが、要するに他人所有の森林に自由に立ち入ることが万人に許される。そして、この権利の行使によって、日本のように都市林業の無い国でも、市民＝都市住民が森林とは国民総有の公共財であることを実感し、森林・林業についての理解を深め、森林を愛好し、林業人を尊敬するようになる。つまり教育効果が期待できる。そしてそのことによって市民は日本林業の近代林業化を強力にプッシュすることになる。

再言するが、森林立入権の円滑な立法の前提条件は森林所有者がこの権利を好意的に認容することである。だから同権利が行使されるためには森林所有者の啓発が先決問題なのだ。所有者が認容すれば彼らもまた森林立入権の行使に参画するわけだから、森林は「市民」の森の域を超えて、一挙に「国民」の森に昇華する。そして生産林をその他の機能の森林とは別箇の森林だと考えがちな日本のほとんどの林業人も、森林の経済的機能とレクリエーション機能とが対立するものでないことを実地に学習するので、より高次の林業人に成長して、森林立入権の行使を積極的に支援するようになる。それはまた日本林業人が近代林業の担い手として成長することだから、日本林業の進化でもあるのだ。よいことずくめである。

「市民の森」の追求は、かくしてレクリエーション機能の提供者も享受者も共に、いうなれば森林の「国民の森」化の担い手になると同時に、日本林業の近代林業化に資するのだ。要するにコトは国民全体の森林・林業に係る教育啓蒙の問題なのだが、時間がかかるといってはならない。

効果は常識以上に早く顕在化すると、筆者のささやかな経験からも断言できる。

＊1――日本林業のためにぜひ注記せねばならないことがある。それはドイツでは、たとえ森林所有者であってもその経営規模に対応した林業人資格を有しない者は自己の森林での林業が営めない、ということである。だから所有者が無資格者ならば、営林局長クラスから営林区リーダー級にいたる当該経営の規模に対応する資格の保持者を雇用しなければならない。つまり超大規模私有林なら営林局と複数の営林署を、小規模なら営林区を持たねばならないのだ。すると無資格者でも林業が営める日本の民有林業は大規模経営から零細林家にいたるまで圧倒的大多数が素人経営なのだ。ただしドイツでも「森林農民」（零細林家）は例外である。だからこそ森林農民学校における社会人教育・延長教育が極めて重視されるのであって、決してその資質を問わないのではない。

＊2――ただし、「森林農民」は「フォルストロイテ」には含めないことが多い。

＊3――代表的総合大学林学部のミュンヘン大学林学部はミュンヘン工科大学と合併して、現在は林学・資源管理学部となった。なお、同大学は「工科大学」というが工学系単科大学ではなく、医学部や生命科学部、醸造学部、情報学部等もある総合大学である。

＊4――「フォルストアムツライター」。

＊5――基礎学校の場合は学童が授業として森へ行くと、営林区リーダーがわかりやすく懇切丁寧に森と木について教えてくれる。

＊6――国有林や公有林。時には篤志家の提供する私有林。

＊7――給与も勿論支給し続けなければならない。

＊8――学ぶべき外国語の種類と数は州によって異なる。だからそれを明記しなかった。卒業時にアビトゥーア試験を受験しなくてはならない。普通はアビトゥーアを取っていればどの大学にも入学できるのだが、ミュンヘン大学の林学部のような人気大学の人気学部になるとアビトゥーア点数によるNCという足切り制度を採る。これをパスしてはじめて例えばミュンヘン大学林学部に入学できるのだ。なお、アビトゥーア試験の難易度は州によって異なる。バイエルンは最も厳しい州の一つである。

＊9――現在はシャイエルンに所在。

＊10――今は「ディプローム－フォルストヴィルト」ないし「バチュラー－フォルストヴィルト」

＊11――従来の「大小林区署制」から「営林署制度」への改革。前者では小林区署は単なる施業機関にすぎず、しかも大林区署の指示に拘束されたのに対して、後者の場合は営林署長には大幅な裁量権が与えられたのでほとんど自立的かつ自律的だった。そして彼は権限を部下に委譲しなかった。

＊12――ところが林業の広範化・多様化・高度化は署長に全権限が集中することを許さなくなったので、新たに次長職とハイレベルの営林区リーダーとを営林署に置くことになり、両職とも上級林業人が就任する。これが今回の改革であって、営林署制度自体の大幅な改革である。

＊13――この他、行政事務、森林警察事務、兼職等がある。

＊14――通常の営林署業務の他、大学等の教育研修の場として機能する。つまり大学には演習林が無い。演習林実習に重きを置く東大林学科の場合でさえ、そこでの実習よりバイエルンの教育営林署での演習がはるかに実学的である。なにしろ林業を営業として実際に営んでいる営林署での演習だからである。なお、日本の演習林は前出（第3章）の川瀬善太郎がドイツ留学後に「ドイツの大学には演習林がある」と関係要路を説得した結果、一八九八年、千葉県南部の清澄に創設されたものが第一号である。すると川瀬の留学時にはドイツでも大学に演習林があったのか。それはともかくとして、彼は一八九八年九月九日付けで初代演習林長に任命された。

＊15――つい最近までは四年半であった。

＊16――他にプロテスタント系神学部がある。

＊17――オーストリアのフォレスターの主な職務に「林業経営の集積・集約化」を含めたのは林野庁がよくやる我田引水である。

＊18――『林業白書』が紹介した奈良県の「奈良らしい新たな森林環境管理条例」（案）がスギ・ヒノキ人工林を誘導しようとしている針葉樹広葉樹混交林は人工林でもある。より正確にいえば、林木再生にあたって誘導目標とするのは人工造林と天然更新とを併用した森林、しかも恒続林である。だからこの文における「人工林」は「スギやヒノキの単純人工林」とすべきであった。ここにも林野庁の混交林ならびに天然更新に関する認識不足が露呈している。

＊19――肝心の造林育林を業務に含めないところがいかにも伐採を政策の主題とする二〇一七年度『林業白書』らしい。

＊20――「ドイツ語圏の林業職員は異動しない」という説は神話だともいえよう。職階が上級の者ほどよく転勤し、下位の者ほど異動が少ない、さらには異動しないことは日本と同じなのだ。しかも高等林業人で職場が本省森林局↓大学↓国有林↓会計検査院↓本省森林局と渡り歩く例さえある。博士の営林署長ほどの人物で定年まで一ヶ所に留まる者は修道院有林等職場が狭くて転勤先がないケースや当人に傷病等の問題がある場合だと思えばほぼ間違いはない。しかし自尊心の強いドイツ人は「定年までこの森に尽くす」といって胸をはる。それを日本から視察等で来た林業人は真《ま》に受けて帰国して、ドイツの森林官は異動しないと報告するというのが実情である。そこで「林業は息の長い産業だから日本のように短期間在任したらすぐ転勤するのは間違っている」が林業界の共通認識となっている。しかし林業の長期性は人間の一生を超えているから、いかに長期間一ヶ所に在勤しようとも、その森林の生涯を見届けられない。それをなすのは組織である。後任者への事務引継ぎをしっかりと行えば、森林の一生を管理経営できるのだ。つまり施業の継続性の担保は個人の任務ではなくてあくまでも組織の業務なのである。ここに森林管理学＝営林組織論の重要性が指摘される所以がある。

＊21――だから二ヶ月という短期間の滞在にもかかわらず、地元関係者が気付かない吉野林業の問題点を的確に指摘できたのだ。

それほどドイツ語圏林業の底力は強いのだ。俗にいう「縁の下の力持ち」が大勢いるのである。そこで彼の地の林業マイスター級の人材でも日本ではフォレスターと誤認されるのだろう。

＊22――訳文はおおむね株式会社総合農林の翻訳に拠った。

第6章

森へ行こうよ

森林立入権――林業の森と癒しの森は同じ森

本章ではドイツにおける森林レクリエーションの具体相を紹介しておこう。すでに詳述したことだが、近代林業にとって森のこの機能は森の三大機能の一つと位置付けられるほど重要なのだ。しかも三大機能中、この機能はドイツ語圏、さらにはヨーロッパ諸国では近代になって初めて享受されるようになった森の恵みなのである。なぜなら既述のように、前近代における人々の森の認識では例えば森で憩い、森の中を散策するなどということは夢想だにできなかったからだ。だから森の三大機能のうちレクリエーション機能林こそが「近代の森」といってよい。そこで現在、ドイツ等中欧・北欧諸国ではレクリエーションが目的ならば、国有林であろうが公有林であろうが私有林であろうが、他人所有の森林に自由に立ち入ることが憲法なり森林法なり自然保護法なりで権利として公認されている。この権利を「森林立入権」（ヴァルトベトレートゥンクスレヒト）という。なお、米国、英国、フランス、イタリア、スペイン、ポルトガルにはこの権利を一般化して公認する法令制度がないらしい。

日本にいたっては森林立入権どころか、森林レクリエーション自体が蔑視に近いほど軽視されていた。日本林政・林学では森林の「効用」（機能）を木材生産等の有形的効用と国土保全・水源涵養《かんよう》の無形的効用とに大別していた。ところがかねてよりレクリエーション機能を重視していた東大森林利用学教授加藤誠平は一九五七年に、「森林レクリエーションを森林の第三の効用と

して公認すべきだ」と発言した。これに対して林政・林学界は「レクリエーションごときを森林の効用にしようとは不謹慎極まりない」と猛烈に反撥したのであった。だから日本で森林のレクリエーション機能が公認されるのは一九八四年の「全国国有林レクリエーション利用協会」の発足を待たねばならなかった。しかしこれとてもあくまで国有林に限定されている。森林一般におけるこの機能が公認されたのは「全国森林レクリエーション協会」が設立された一九八七年である。

幸いにして近年は日本でも森林レクリエーションや森林を舞台としたスポーツ——トレイルランニングやマウンテンバイク——が盛んになってきている。例えば、世論調査の対象が「二〇歳以上の者で、原則としてパソコンでインターネットを利用できる環境にある者」という限定付きながら、そして森林レクリエーションそのものに係る調査ではないが、農林水産省が行った調査によると、「農山村滞在型の余暇」を「是非過ごしてみたい」が二一・〇%、「機会があれば過ごしてみたい」が五七・八%にのぼっている（二〇一七年度『林業白書』）。

しかしいまだに森林立入権は法的には認められていない。[*1] 筆者は日本でもこの権利が法定されることを願う者である。そこで本章は「日本林業近代化の道」の終点として、基本的人権にも近い森林立入権の立法を推進する一助となればと思い、書いたものである。

1　ドイツ人にとってのウアラウプ

多い休みの日

ドイツでは休みの日が多い。一週間の勤務日は完全五日制だから土曜と日曜は当然休む。それに加えて法定祝日と公認された宗教祝日ならびに慣習的休日がある。これらは年により州によって異なるので、ここでは二〇一九年のバイエルンの場合を例にとる。バイエルンを例に選んだ理由は同州の場合、そもそも宗教祝日と慣習的休日が多い上に、キリスト教の旧教と新教との二種類の宗教祝日があって、旧教信者も新教祝日を休み、新教信者も旧教祝日を休日とするからだ。つまりバイエルンはドイツでも休日の多い方の州なので、ドイツ人がいかに多く仕事を休むかの例を紹介するのに適しているからである。二〇一九年は土・日曜日が年間一〇四日、法定祝日が一三日、宗教祝日と慣習的休日が計七八日あるので、合計すると年間一九五日間もバイエルン人は休む計算になる。

さらにドイツ人にとって極めて重要な休日がある。すなわち「ウアラウプ」（長期有給休暇）である。最低三〇勤務日で、実際の日数は経営者と従業員との団体交渉で決められる。[*2] つまり土・日曜日を加えると最低四二日間[*3]ウアラウプがとれる。するとバイエルン人は最少でも総計二

二五日は仕事を休むのだ。つまり年間一四〇日だけ働くことになる。[*4] しかも残業はほとんどしない。残業したらその時間分が有給休暇に加算される。勿論、仕事を家に持ち帰るなんてことはない。

苦戦中の兵士でもとるウアラウプ

ドイツ人にとってウアラウプは注2に記したように基本的人権に極めて近い。驚いたことには「一九四四年の末のように、ドイツ軍が各地で劣勢に陥り、前線では一人でも多くの兵士が必要だった時期にも、一〇日間もの休暇が認められていた」(熊谷徹『ドイツ人はなぜ、1年に150日休んでも仕事が回るのか』青春出版社、二〇一五)。

いや、正確にいうと現在のウアラウプは基本的人権類似の権利というより、国民の基本的義務のようなものである。筆者の実感でもウアラウプをとらなければならない空気だった。とはいえ、会社、工場、学校等の法人までがウアラウプをとるのではない。それらは週末や法定祝日や宗教的・慣習的休日にだけ営業を止める。[*5] だから職場では誰がいつ、どの期間にウアラウプをとるかを協議し調整する。その際、基礎校や中等学校低学年の子供がいる人は学校休みの時季にとらせてもらう。職場協議の結果、どうしても授業がある期間にウアラウプをとらざるをえない場合は、その旨を校長に申告すれば、子供も正常な学校休みにしてもらえる。そこで両親は子供連れでウ

アラウプに行けるのだ。

ドイツ人はウアラウプのために働く

権利か義務かはさておき、ドイツ人はウアラウプをそれはそれは楽しみにしている。だからウアラウプが終わって家に帰ったその日に早くも「来年のウアラウプはどこに行こうか」と家族で相談するという場面は決して誇張ではない。

このことに加えて、いかに有給休暇とはいえもらえる給与以上に予算を組んで、ウアラウプを より一層楽しいものにしたいと思うのもまた人情である。したがってウアラウプ用に預貯金をする人が実に多い。だから休暇日の少ない日本人から見ると「ドイツ人はウアラウプのために働いている」と思えるほどである。

2　最も人気のある滞在地は森

世論調査の結果

かくも大事なウアラウプをさてどこで過ごすかは重大事である。一九七八年から八〇年の三ヵ年、四手井綱英を主査とした日独仏の共同研究「森林環境に対する住民意識の国際比較に関する

研究」が実施された。その研究の一環として「行きたい旅行先」[*6]を六つの選択肢から一つを住民に選択してもらう世論調査をした。するとドイツ人の場合は森を選んだ者が五〇%と第一位、[*7]山を選んだ者が第二位の一七%であり、両者を合計すると山林が六七%も占めるのであった。

ウアラウプ先の受け入れ態勢

そこで森や山のある地域では住民も役場も森林官吏も、地域社会と森林がウアラウプ客の期待通りの、さらには期待以上の「林村・山村らしさ、森らしさ」を造成し維持するために、隅々まで、大きなことから小さいことまで、ハードもソフトも細心の配慮を払っている。例えばオーストリアのチロルとの国境に近い南東ドイツの小山村ラムザウでも、役場兼案内所、日本ではよく屋内共同浴場と誤解されている「クーアハウス」（演劇・演奏会場、会議室、レストラン、カフェ、図書室、コンシェルジュ）、遺失物保管所、旧教教会、新教教会、村営駐車場、各種宿泊施設、旧営林区庁舎（宿・レストラン・カフェ）、キャンプ場、スキー場、スキーリフト、スキー学校、リュージュコース、運動広場、ミニゴルフコース、児童遊園地、テニスコート、カーリング場、乗馬コース、遊歩道、険しい遊歩道、森を学ぶ小路、登山道、山小屋、歩くスキーコース、ハイキング案内、ケーブルカー、運道具レンタル会社、釣り場、森の泉、レストラン、カフェ、営林区事務所、[*8]小売店、キオスク、屋内プール兼用の浴場、病院、歯科病院、薬局、クナイプ

（水浴療法）施設、塩療法施設、登山療法公園、登山救急所、銀行、郵便局、消防署、自動車販売店、自転車販売店、自動車修理工場、自動車レンタル会社、自転車レンタル会社、託児所、教養講座、休暇期間学校、書店、登山ガイド協会がある。

そしてこれらの建物はその土地の伝統的様式のもので、いわゆる近代建築は無い。[*9] 飲食物も当然ながらほとんどが地元産。そのことをセールスポイントにしている。各施設でサービスする人たちはほとんど全員が老若男女を問わず民俗衣装を着ている。

3　森での歩きのレクリエーション

「山林遊歩道」

これは国有林の林道・作業道・巡視道の活用でもある。

「森を学ぶ小路」（ヴァルトレーアパート）

これは歩きながら森林生態系のさまざまなことを学ぶ遊歩道だ。樹種名から林業作業にいたるまでの沢山のことが楽しみながら学べる。遊学の小路と訳したいほどだ。そして終点には太い丸太から蜂蜜まで、ありとあらゆる林産物を展示していて森の恵みを具体的に教えてくれる。当然

ながら森の恵みの直販所もあって、なかなかの人気だ。ウアラウプ先には必ず何本かの「森を学ぶ小路」がある。

「カロリープロメナーデ」

ウアラウプ先には「遊学型小路」以外にもさまざまな歩道がある。「熱心に歩く」という表現そのままにこれら歩道をドイツ人は大変好んで歩く。それはなにも好天の時だけではない。雨の降る秋の早朝でも歩く。粉雪の舞う冬の晩でも歩く。厳冬の小雪の夜でも乳飲み子を乳母車に乗せて歩く。なぜかと尋ねると「森の新鮮な冷たい空気は呼吸器を丈夫にするから」と若い母親は答えた。以前はレクリエーションのことを保健休養と和訳したが、これなどはまさに森の保健機能そのものだ。

そうした林野の保健休養用歩道で微笑ましいものがこの「カロリープロメナーデ」である。これはつまり摂取した飲食物のカロリーを歩くことで消費するためのダイエット遊歩道、つまり緑地帯を通る遊歩道――まさにプロメナーデ――なのだ。

「ケーキを一つ食べたらここまで歩くこと」

「ビールを一リッター飲んだらここまで歩くこと」

「豚のあぶり料理を一皿平らげたらここまで歩くこと」

等々と絵付きで表示した立て札がスタート地点とゴール地点とに設けてある。勿論コースとゴール地点を明示した地図がスタート地点に山積みにされているし、役場でも観光案内所でも無料で渡してくれる。

医楽同源――健康保険がきくカロリープロメナーデ

カロリープロメナーデは心臓病、高血圧、肥満、糖尿病等といった病気の患者やそれの予防を心がけている人々、さらには健康志向の人に人気がある。だから健康保険がきく場合もある。つまり「貴方（女）はそこで毎日ここまで歩きなさい」と医者にいわれて処方箋を出してもらえば健康保険金が支給される。この仕組みは温泉浴にも適用されるから、「バート何々」[*10]という地名のウアラウプ先では人々がカロリープロメナーデと温泉浴とをよく併用している。保健上相乗効果があることに加えて両方の保険金が入る場合もあるからだ。

「地形療法」（テレンクーア）

日本に湯治があるように、温泉に広く医療効果のあることは昔から内外で知られている。だからドイツでは温泉浴に健康保険がきくことは日本人でも容易に理解できよう。ではカロリープロメナーデでもなぜ健康保険が使える場合があるのか。それにはれっきとした医学的根拠があるか

らだ。それが「地形療法」というものである。

　これは狭くは心臓の疾患、高血圧、呼吸器の疾患、糖尿病、脂肪肝、肥満等を治療するため、広くは心臓の健康を保ち、肥満や高血圧、糖尿病等を予防するために、森と野の緩い傾斜道をウォーキングする治療法、健康法である。希望者は先ず医師に体力測定をしてもらい、次いで病状や健康状態を診察してもらって、どのようなコースを歩いたらよいかを診断してもらう。そして地形療法士の指導のもと、医師が指示したコースを歩く。期間は通常三週間である。カロリープロメナーデもこうした地形療法の一種なのだ。だから健康保険が使える場合がある。なお、近年ではこの地形療法を大気療法と複合させた「気候地形療法」も実践されている。

　この療法を考案したのはミュンヘン大学医学部内科・耳鼻咽喉科教授マックス・エルテルで、彼は一八八六年にこれを体系化して公表した。なお、彼は医学史上最初に耳鼻咽喉科を独立した診療科にした人物とのことである。

「山くだり」（アップシュタイゲン）

アルプスといえば山歩きであろう。バイエルンはアルプスとアルプス前峰群で有名だ。こうした山岳と丘陵は――それらは当然ながら森で覆われているのだから――ウアラウプ先として絶好の土地であることは先述した世論調査の結果からもいえる。

そこで日本では類例が無いか、あっても稀少であろう「山くだり」を紹介しよう。これは山登りの反対で、登山列車なり、ケーブルカーなりで頂上まで行った後に徒歩で麓まで下山するレクリエーションである。そのバリエーションとして、降りも望みの駅まで登山列車等を利用しながら途中下車して、そこから下山するケースもある。なお、車椅子でも下山できる道路付きコースがある場所もある。

下車すると大人はゆったりと、子供ははしゃいで、高山植物帯を、牧場を、森を通り、小川を渡って、山をくだる。牧場[*11]では乳・バター・チーズ・ヨーグルトを売っている。ハム・ソーセージ・ベーコンやらも売っている。森では蜂蜜[*12]・茸《きのこ》・森の恵みのシュナップス[*13]（アルコール度数が大変高い蒸留酒）やらを売っている。川沿いでは燻製《くんせい》にした川魚を売っている。下山者はそれらを買ってはその場で賞味もし、土産物にもする。

「森のスキー」

スキーといえば日本ではいわゆる「ゲレンデ[*14]」スキーが一番流行っている。しかしドイツでは「歩くスキー」（シーランクラウフ）に最も人気がある。冬のウォーキングといった感覚だ。それを目的とした特設コースの他、夏の登山道・遊歩道も冬のスキーコースとなる。だから「歩くスキー」は野原だけでなく、山林を抜け、平地林を抜けて滑る。つまり「歩くスキー」は多分に

「森のスキー」なのである。勿論ゲレンデもある。

4　森の宿

概説

当然ながら長いウアラウプ中はどこかに宿泊しなければならない。テントやキャンピングカーを利用する人も少なくはないが、多くはやはり宿屋を利用する。ドイツにはさまざまな宿、しかもさまざまな名称の宿がある。最も高級な宿はホテルだ。次にくるのがそれこそさまざまな名称で呼ばれている宿があるが、名称だけが多様で、実質は似たり寄ったりだから「旅館」と一括しておく。さらに安いのは「パンシオーン」。一番安い宿が「プリヴァート」である。他に「ミートヴォーヌンク」という農家の二階や三階のワンフロアー全体を借りる貸し別荘的な宿もある。だから大方のウアラウプ客は高いホテルや次に高い旅館を避けて、パンシオーンやプリヴァートを利用する。なにせ安い上に清潔さも料理の質もサービスもホテル、旅館、パンシオーン、プリヴァートの間に大差が無いからだ。なお、ミートヴォーヌンクは調理器具から食器、タオル、洗濯機にいたるまで滞在生活の必需品が全部備わっているので、家族での長期滞在の場合は割安になるから結構利用されている。本節は典型的なウアラウプの宿であるパンシオーンとプリヴァー

トとを紹介する。

「パンシオーン」

ドイツのパンシオーンと日本のペンションとはアルファベットのつづりこそ同じだが、内実は全然違う。パンシオーンはドイツ語辞書の語釈によれば「食事付き宿泊施設」とある。なお、パンシオーンには「フォルパンシオーン」と「ハルプパンシオーン」の二通りがあって、「フォル」(=フル)は三食付き、「ハルプ」(=ハーフ)は朝食と夕食の二食付きだ。それはともかくとして、なにしろ食事付きの宿だから食堂が同時にレストランである。

目星をつけたパンシオーンに入ると亭主なり女将なりが出てきて、先ず空き室のあることを伝えてくれる。そして「滞在日数は一四日ですか」と尋ねる。先記したようにウアラウプは通常二週間とるからだ。この一三泊一四日が一泊当たりの料金として安い。[*15]利用日数が減るごとに順次料金が上がり、一番高いのが一泊二日である。滞在日数を告げると亭主か女将が客室に案内してくれて、「この部屋でいいですか」というから、部屋の内部をたしかめて、気にいったらそういって宿泊することを決める。するとルームキーを渡してくれる。気にいらなければ断って、他のパンシオーンで気にいったものが見つかるまで探して回るが、そうした場合はレアケースだ。

部屋にはツインベッド、椅子、テーブル、電話、洗面所・トイレ付きのシャワールームがある。

シーツ、タオル等々は皆清潔だ。食事は一階の食堂でとる。筆者の体験では朝食でもビュフェ方式（いわゆるバイキング）はなかった。夕食は電灯を暗くして、各テーブルに蠟燭《ろうそく》がともされるという場合が少なくない。常連客ともなるとナイフ・フォーク・スプーンを包んだナプキンを止めるリングに名前を書いた紙が貼ってある。超常連ともなるとリングに名前を刻してくれる。料理の質は一般のホテルより美味い。パンも主菜もミルクもバターもチーズもシュナップスも地元産だ。ワイン、ビール、フルーツが地元で産出されていれば、勿論出てくるものは地ワイン、地ビール、地フルーツである。

「プリヴァート」

「プリヴァート」とは英語でいう「プライベート」だから意訳すると「民泊」となる。しかし日本で最近現れだした「民泊」とは雲泥の差がある。とりわけ客室のプライバシーがドイツのプリヴァートでは完全に守られていることと、トイレ・シャワー・洗面所が客室内にあることが日本の「民泊」との決定的な相異である。

プリヴァートは客室[*16]のチェック、料金の決まり方から食事の質まで、そして設備[*17]、サービスまでパンシオーンとほとんど同じだから[*18]、ウアラウプ客が最も利用する施設である。したがって客は多くが超常連客で、彼らは毎年のウアラウプの際に必ず利用するようにしている。中には一ヶ

月以上も連泊する客もいて、こうなると宿の〝ヌシ〟なのだ。[*19]

＊1――日本における森林立入権に類似した制度は一九八一年に林野庁長官・秋山智英が発案し造語した「森林浴」であろう。同年その第一号が長野県木曽郡上松町所在の赤沢国有林内に開設された。この赤沢国有林は伊勢の神宮式年遷宮用材を供給する「神宮備林」（政教分離の現在の呼称は「学術参考林」。ただし実質は変わらない）があるほどの天然檜美林だから森林浴に最適な森である。ただし、赤沢の例が示すように目下のところ森林立入権と類似の行為が公認されているのは国有林のみで、私有林では残念ながらそうではない。単に黙認されているだけだ。しかも国有林とて例外的である。国有林における「レクリエーションの森」は現在のところ三〇ヶ所でしかない（二〇一七年度『林業白書』）。

＊2――ウアラウプは日本語に直訳すると「賜暇」である。しかし自営業者もウアラウプをとる。つまり原意が消えてあたかも基本的人権のようになっている。

＊3――近年はウアラウプが通常四〇勤務日となっているようだ。すると休みは二三五日になって、仕事をするのは一三〇日である。多くの人はウアラウプを一度にとるのではなく、一般的には二回か三回に分けて、例えば春に二週間、夏に二週間、冬に二週間といった具合にこの休暇をとる。勿論、一度にとってしまう豪傑もいる。つまり六週間ないし八週間も連休してしまうのだ。

＊4――しかしバイエルン人、ひいてはドイツ人は決して怠け者ではない。サラリーマンでも労働者でも店員でも職人でも仕事日は実によく働く。労働の密度が高いというか、短時間で仕事をかたづける。逆にいうと、だらだらと仕事をして、結果的に長時間労働になることをしないだけだ。つまり「働く時にはしっかり働き、休む時はしっかり休む」のである。

＊5――ただしカフェ、ビアホール、レストランは年中無休のものが多い。

＊6――設問を「ウアラウプ先」とはせず「旅行先」とした理由は単純だ。せいぜい年末年始の休みと盆休みがある程度で、ウアラウプやヴァカンスが日本には無いに等しいからである。祝日と土・日が連なるだけの「ゴールデンウイーク」の旅行は、あくまでも平日の長期間休暇であるウアラウプ・ヴァカンスではない。それにウアラウプ・ヴァカンスに比べて日数が短い。日本は正確な意味での近代国家でないどころか、湯治が慣行だった江戸時代にも劣るといえなくもない。さらに当時は強制的休業日の「お日待ち」があり、「物見遊山」の旅があり、そして「伊勢参り」「大山詣で」「四国八十八ヶ所遍路」等の宗教的旅行もまた多分にレクリエーションだった。

＊7――森を旅行先とすることは世論調査当時の大半の日本人にとってイメージさえできなかった。日本人で森を選んだ者は、自然志向の強いはずの東京人ですら僅か二・八％でしかなかった。対するドイツの大都市ハノーファーの人は五七・一％だった。つまりドイツの場合都会人の森林嗜好は平均を上回る。

＊8――国有林営林署の出先機関である営林区事務所（フェルスターハウス）はとても人気がある休憩場所・カフェ・レストランでもあり、営林区主任は山林案内人、遊歩道・森を学ぶ小路案内人に登山ガイドを兼ねる。

＊9――もっとも、例えばバーデンバーデンといった戦前からの有名なリゾートには近代的建築がある。ただし諸物価が高いので有産階級以外はあまりウアラウプの滞在地とはしない。

＊10――「バート」とは入浴・浴場のことだが、地名に付くとそれは決まって湯治場のある土地を意味する。前出の秋山が森林内ウォーキングを「森林浴」と名付けたのは、この湯治からヒントを得たのである。付け加えると彼が「森林浴」実施を決断する上で大きな影響を受けたのは、樹木が発散する「フィトンチッド」という殺菌性の香気が健康によいとする神山恵三の知見である。神山が自説の啓蒙書としたのが『森の不思議』（岩波書店、一九八三）である。なお、「バート」と冠した地名の市町村はドイツでは圧倒的多数がバイエルンにある。だから湯治場あり、森あり、アルプスありのバイエルンが国内のウアラウプ先として圧倒的に人気のある所以だ。

＊11――牧場は木立が必要だ。牛も羊も強い陽光や降雨を嫌う。そこで日よけ・雨宿りのため木陰に入ってくる。だから牧場は

森に囲まれている。したがって牧場を通るのは森を抜けてからだ。

＊12——森の蜂蜜は花の蜂蜜より上等だ。さらに上等なものはブナやカシといった用材向け樹木から採った蜂蜜である。アカシアのような花木の蜂蜜は安い。だから「ブナの蜂蜜」とか「森の蜂蜜」と容器のラベルに明記して花の蜜と区別している。

＊13——シュナップスはストレートのものもあるが、大概は梅酒のように例えば野イチゴなどを浸したものが多い。浸すものとして人気なのは森の産物である。なかでも傑作はリンドウの根のシュナップスだった。

＊14——ドイツ語で「ゲレンデ」は普通「平地」「敷地」という意味で使われる単語だ。例えばオリンピック会場の「会場」が「ゲレンデ」である。日本語の「ゲレンデ」に当たるドイツ語は「ピステ」ではなかろうか。

＊15——正確にいえば、二週間以上、例えば一ヶ月も利用すると、さらに安くなる。

＊16——空き室の有無は道路沿いに明示してある。緑の札に「空き室」とあれば空き室あり、赤い札に「満室」とあれば空き室なしだ。このシステムはホテルにも旅館にもパンシオーンにも無い、プリヴァートだけの便利なものだ。

＊17——もっとも一九七〇年代では、まだ客室内にトイレ等水回り設備の無いプリヴァートもあった。だからこの設備のある宿はその旨を宿の表に表示して違いを示していた。一九八〇年代には筆者の体験ではどこでも完備していた。

＊18——原則として朝食のみがパンシオーンとの違い。ただし頼むと夕食をプリヴァートでも作ってくれる場合もある。

＊19——夏（南半球では冬）に毎年一ヶ月半利用するというオーストラリア人の〝ヌシ〟がいた。彼は宿の者が不在の時に客が来たら、滞在日数の確認から客室案内から客にルームキーを渡すことまで全部代行していた。

終章
日本林業で実践されていたドイツロマン主義林業

この種の著書としては異例のことだが、二〇代三〇代という青臭い時代の私を回顧する。それが本書の問題意識の原点を示唆すると思えるからである。またドイツ近代林業を日本に移植することはなにも木に竹を接ぐものでないこと、つまり日本林業には近代ドイツ林業との接点があることを詳述する。そして今は闇夜の日本林業にもようやく暁鐘が聞こえてきたことを紹介する。

1 回顧

学部学生時代の私はある動機から京都大学に通った。その結果、「林学の基礎は生態学なり」という生理学的アプローチ全盛の当時にあっては孤高の説を唱え、生態学の理論と日本の林学・林業との食い違いを鋭く衝く四手井綱英教授に師事することになる。四手井は例えば「早生の森林は維持しにくい」「森林の総葉量は林齢に関係なく一定である」「森林の現存量を平均樹高で除した一㎥の空間内の現存量は林齢にも樹種にも関係なく一定で、一・三kgである」「森林の収量は面積当たりの林木本数に関係なく一定である」「単位面積当たりの樹木の太さの合計には極値がある」「森林は林木がぎっしり詰まっているのではなく、林地の九九%以上が隙間である」「平均的林木の太さは本数の二分の三乗に反比例する」「森林は自己間引きする」「森林には寿命がある」「天然林でもその寿命は二五〇～三〇〇年である」等々従来の林学界では未知の事実を発見

した人物である。そして四手井林学の要諦《ようたい》は「森のことは森に聴け」であることを知る。私はこうした四手井森林生態学にすっかり魅了されて四手井の〝押しかけ弟子〟になったのだ。そして幸いにも荻野和彦氏という四手井の出藍《しゅつらん》の弟子に兄事できた。私の森林生態学的知識は氏と四手井から伝授されたものである。だから私が最も懼《おそ》れるのは、拙著に対する厳しい批判ではなくて、私の森林生態学的論述が氏と四手井の教示から脱線することだ。むしろ批判それ自体は今後の戒めとして歓迎する。

大学院博士課程一年生の時は休学して京都市北郊にある山國村という小さいがレベルが非常に高い林業地に一年間入り浸って林業を一から勉強した。しかも勉強したのは狭義の林業だけではない。炭焼き、草木染め、各種建築様式とその変遷から、京都市の大雲山龍安寺の境内林と有名な庭園の管理経営、さらには局地的南北朝内乱、戦国朝廷衰微の実相、明治維新期勤王隊の顚末《てんまつ》まで学んだ。いずれも林産物経済と深く関わっている。おかげで林業なる概念の範囲を拡大できたと思う。

二年生以降は大学院学生の身分のまま国有林の林業経営研究所正規研究員となり、全国の国有林、私有林、公有林、製材業、木材流通業の実態調査を綿密に行い、それらのプラス面もマイナス面もよく知ることができた。また林業基本法等林野庁の政策立案にも関与した。

その後縁あって京大助手に採用されて半田良一教授を主任とする研究室に配属された。この半

田研の学風は緻密《ちみつ》な現状分析に徹することだった。半田教授は民有林研究の第一人者である。それ故に例えば吉野林業の実像は林業界・林学界の通念・定説と異なること、だから通念・定説はいわば吉野林業の「神話」にすぎないことを極めて実証的な研究によって明らかにした。

そして森田学助教授は精力的な実態調査の結果、学界と世の常識を次から次へと覆した。「東濃檜が最高級銘柄である所以はそれが有名だからではない。国産材一般の最大の難点は無乾燥と寸法精度の低さにあるが、東濃檜はよく乾燥されており、寸法精度も高いからである。外材の国産材に対する圧倒的優位性も外材が国産材より安価だからではなく、それがいうなれば外国産の東濃檜であることに尽きる」などはその典型的事例である。したがって私はこの二人にも師事した。

有木純善講師は現状分析を経済学研究の頂点とする宇野シューレの学説でもって林業地の歴史を説くという画期的な方法論を確立した。だから私は氏も兄事している。ちなみに宇野シューレとは東大教授の宇野弘蔵を開祖とする学派で、マルクス経済学をいったん解体して、それを資本主義の原理論に再構築した。さらにはマルクスでは原理論と不分別であった資本主義の発展段階の議論を段階論として分離する。農業問題の根幹はここで説かれる。そしてこの段階論において宇野はレーニンの有名な『帝国主義論』を子供扱いした。だからマルクスやレーニンの労作をただ祖述するだけの正統派マルクス主義経済学者からすれば明らかに異端であり、背教者でさえあ

る。

このように京大－山國村で学んだ結果、私は東大出にもかかわらず新京都学派になった。それは東大林学と大いに異なる学風である。そうした私がこれまた縁あってミュンヘン大学に留学した。するとミュンヘン学派は、自称新京都学派の私がかねてより「林学・林業はかくあるべきだ」と考えてきた林学・林業観を一層発達させたものであることを知った。ミュンヘン学派は東大林学に対する、ひいては日本林学に対する、そして広くはターラント学派に対する痛烈なアンチテーゼであり、根底的なオルターナティヴである。それが主張するところの「自然に還れ」「森林とは森林生態系」「林業と農業は質的に異なる」「だから農業をモデルにした木材栽培業は否定する」「林業を合自然的かつ近自然的なものにせよ」「森の気持ちになって施業せよ」「林業とは所詮森林生態系の侵襲なのだから、施業は侵襲ができるだけ穏和であれ」「伐採は択伐を主とし、皆伐を従とする」「寒帯以外では単純林よりも混交林が望ましい」「過度の侵襲である大面積単純林の人工造林と大面積皆伐を否定する」「間伐は優勢木の連続的間伐が正しい」「林業は森林の諸機能を発揮させる多機能林業であるべきだ」「林業を教範・鋳型の類いから解放せよ」「林業は現地施業担当者の職務なり」「だから林学の女王である森林経理学（森林経営計画学）を造林学の秘書に降格せよ」「林業は人間の一生を超えた産業なのであるから、いたずらな将来予断は傲慢である。このことを計画者は厳しく自戒せねばならない」に私はいちいち首肯した。そし

て「フリースタイル林業」には感動した。施業がフリーだからこそ「林業では、ほとんど全権委任といってよいほどの自由を現地施業担当者に与えることが肝要なのだ」「その半面、彼は林業経営のほとんど全責任を負わねばならない」とミュンヘン学派は主張するのである。だから「高度な教育で練磨された林業人が必要不可欠」なのだ。

そこで私は日本林学・林業を一刻でも早くミュンヘン学派的なものにすることが日本林政・林業の進化に資すると思ったし、今では確信の域に達している。しかしミュンヘン学派は日本林政当局・林学界では全く知られていない。そもそも日本の現在の精神風土は「ドイツと日本とは自然的・社会的・歴史的体質が異なるから、その林学の移植は困難だ」と拒絶反応を起こす。だから私の理想は空想化しよう。その上に昨今はマスメディアから学界にいたるまで、「西洋に追いつき追いこせという発想は超克すべきもの」が正統な思潮であることは百も承知である。だからますます私見は世に受け容れられまい。

しかしこの思潮は余りにも「夜郎自大」的な傲慢ではなかろうか。「追いつき追いこせ」を旧弊な発想だと斥けるには、日本は近代国としてまだまだ未成熟である。端的な事例を一つだけ挙げよう。日本は過労死という社会現象があり、それが重要な政治問題になるほど深刻化している国である。片やドイツやフランス等の西洋ではウアラウプ・ヴァカンスが限りなく基本的人権に近くなっているのだ。なおいえば、貧しい島国であったイギリスが大英帝国にまで成長しえた動

力の一つが「オランダに追いつき追いこせ」という時代精神であったことはよく知られている厳然たる歴史的事実である。また予想される拒絶反応に対しても私はこう反批判したい。私はなにも生態環境という地域的に特定される条件を無視して例えば日本の温暖な平地にヨーロッパトウヒを移植しろといっているのではない。ドイツ近代林業の哲学ないし精神態度という普遍的なものを導入しろといっているのだ。そして実際の移植に際しては日本的事情に適合させるべく加工するのは勿論である。このことを担い手問題の例で述べてみよう。教育制度の抜本的改革が当分見込まれない以上、ドイツの高級林業人どころか、上級林業人レベルの担い手でさえ望むべくもないからには、当面の方便として第5章で述べたリース校卒業生クラスの人材でもって充当する策を案出しなければなるまい。

2　接点

山國村の林業が原点

なぜ筆者の林業観がミュンヘン学派のそれと一致したのか。その原点は山國村の林業にある。少なくとも私が学んだころの山國林業にはミュンヘン学派との接点があった。

山國林業の主な特徴は先ずは「森のロマン主義」であることだ。だから森に夢をみる。生産林

として見事な森は美しい森と思っている。遷移の結果かつての景観が消えた嵐山の風致を復元しようとし、また桂離宮や京洛の名刹《めいさつ》を林業の射程におさめる。つまり日本林業の通念からすると異常なまでに林業の概念を拡大した。山國は北朝初代天皇光厳院 終焉《しゅうえん》の地、常照皇寺が所在することから宮内庁に顔の効く篤林家が通常は「参観」にうるさい規制のある桂離宮に両三度入って筆者に離宮の建物と庭園を勉強させた。またいくつもの寺院の建物と庭園を学ばせた。つまり林業が総合産業であること、したがって林学が学際の学であることを教えられたのである。これはミュンヘン学派が林業の範疇を「森林・人間・文化」とすること、したがって林学を「森林・人間・文化」の学とすること（ヨーゼフ・ケストラー〝ヴァルト・メンシュ・クルトゥーア〟、一九六七）と山國の林業観・林学観とは合同なのだ。だから山國の篤林家たちは今西錦司、宮地伝三郎、川那部浩哉といった新京都学派の偉大な学際人と個人的に親交があり、彼らの野外研究を支援した。そして歴史学が学際学の構成要素であることはいうまでもない。だから山國の篤林家たちは同志社大学人文科学研究所の中世史研究を長年にわたって支援したのだ。

山國もフリースタイル林業

山國林業はフリースタイル林業である。これといった「森林計画」があるわけではない。まして教範（マニュアル）など無い。森それ自体が「師」なのだ。「弟子」である人間が師の森に教

えを乞い、森が教示する。この森と人間との問答を繰り返すことが林業なのだ。四手井いうところの「森のことは森に聴け」である。だからひたすら森を歩く。山國では「森を歩くだけで木は太る」という。そして森の教示を施業化する。施業化した後で森に問うと森が次の施業を教示してくれる。しいて計画といえば、森の教示を聴いて以後の施業を決定することが、いうなれば計画の策定になる。こうした施業のあり方は第4章の末尾で引いたメラー『恒続林思想』の結語と通じあう。

だから施業も必然的に一律ではなくなる。立地条件を極めて重視する。つまり森林生態学的なものを施業の基礎とする。例えば細い沢のこちらの岸と向こうの岸とで立地条件が異なる場合なら、それぞれの特性に応じた施業を行う。ほんの僅かな高低差でも立地条件が異なる場合には、例えば樹種を変える。だから樹種もスギやヒノキとは限らない。そして大面積皆伐＝大面積造林をしないから同一樹種の森でも、それは異齢で小さな林分の集合体となる。更新方法も人工造林一辺倒ではない。そうしたことの結果、大面積森林団地といえども構造、様相、林齢が異なる林分といった多様な林分のモザイクであって、大面積林分とはならない。要するに零細分散という、林野庁の新林政「新たな森林管理システム」が最も嫌う森林の存在様式なのである。こうした林業の存在様式だから公権力に指導されなくても、まして強制されなくても「多様で持続可能な林業」が自動的に営まれるのである。[*1]

「森の美学」

次に山國林業の林相を鳥瞰《ちょうかん》してみよう。森林の存在形態が多種多様な零細林分のモザイクだから、それは多彩な景観を呈する。生産林が即自的に美林なのである。だから生産林の造成と恒続がそれ自体「森の美学」の顕現なのだ。「森の美学」にとって重要な里山は家の軒先・道路端まで迫る用材林業でもある。そのような里山のあちこちに川端康成が『古都』の低音主題とした園芸的といってもよいほどの超集約的な磨き丸太林が成立している。そして山國の里山は、昨今一部の個人とマスメディアが思い込んでいるような農用林的な森林利用のみの森ではなく、実に多元的、つまり多機能的土地利用形態なのだ。しかも日本の里山はそうしたものが多かった。

ここで山國林業を総括すると、その特色は施業が極めて集約的ということだ。「丁寧林業」といってもよい。そして樹木の利用が「木を骨の髄まで食べ尽くす」ほどだ。そこで施業法、とくに篤林家が行う施業法の要点を具体的に例示する。

山國型施業

第一に、植栽は林地の僅かでも凸箇所を探して行う。土壌の流出や落石による危険を少しでも予防するためである。それでいて苗木、とくにスギ等「肥沃《ひよく》な場所」を好む樹種は僅かな凹箇所を探して植栽する。これらを総じて「低いところの高いところに植える」という。

第二に、苗は地元で、しかも自分で育てる。苗木の種子は京都府指定の母樹からは採らず、自分が適当だと判断した樹木を母樹とする。有名な苗産地から購入する場合はよく吟味して選んだ苗を自分で掘り取って、自分のトラックで植栽現場まで運送する。せっかく慎重に選んだ苗を苗木業者が低質な苗とすりかえることを予防するためだ。こうした悪徳行為は有名産地ほどまま見られるとのことである。参考までにいっておくと、吉野林業の苗木は他地域からの購入苗だ。しかも森林組合等による一括購入もしてきた。これでは苗の品質を吟味できない場合もある。したがって「ウチの林業は吉野から持ち帰った苗で発祥したものだから、収穫した材は吉野材並みの良質材なのだ」と少なくない後発林業地が自負するが、これは残念ながら間違いである。吉野材が良質なる所以はその独特の施業によるものであって、苗木のせいではない。

第三に、苗畑は植え付け箇所より瘠せた土地等、自然条件の悪い場所に設ける。すると苗木の植えつけは恵まれた条件の場所に移植されたのだから稚樹は喜んで旺盛に成長する。それとは反対に、一般的な苗畑での育苗は、施肥までして苗木の成長を促進する。だから苗畑より条件の悪い造林地では稚樹の活着不良や枯損等の不成績造林がまま生じる。また地上部よりも根系部が長い苗木を良しとする。そのためにも苗畑は「瘠せ地」がよい。「瘠せ地」だと水分・養分を求めて根が伸長するからだ。私が半ば禿山化するほどの瘠せ地で実際に掘ったところ、背丈約一mでしかないヒノキの根がなんと一一m以上も伸びていた。つまり山國林業では「木は根が根本」な

のである。

第四に、更新方法が一律ではない。植栽本数も他の林業地と違って「一ha何本」などと固定しないで、立地条件によって密植もするし疎植も行う。しかも独特の天然更新法を用いもする。つまり伐り株から何本も生えて来る萌芽を活かしている。この萌芽更新は他地域では薪山・炭山での施業法だが、山國では用材林更新法としても行う。萌芽で更新された沢山の木を回数多く間伐して一本の太く長い主伐木を得るのだ。すると超密植－多間伐と同じ効果が発揮されて、年輪幅が均一でかつ狭くなる。つまり吉野型林業にまさる施業を伐り株の上で行わせるのである。これを「株杉仕立て」という。巨木の場合は「櫓《やぐら》仕立て」と呼ぶ。この方式のヴァリエーションが磨き丸太で有名な北山林業の「台杉仕立て」である。なお、人工造林と萌芽更新の併用施業をドイツでは「中林作業」という。人工造林のみの場合を「高林作業」、萌芽更新のみを「低林作業」と呼ぶ。すると山國林業には一種の中林作業もあるのだ。

また雪に圧されて倒れた稚樹は接地面から沢山の根を出し、上部からは何本もの幹を出す。この生理を活用して超密植の吉野型林業以上の密度効果を発揮させる。しかも雪起こし作業が省略できるのだ。そこで最初から苗木を「寝かせて」植えることもあった。

第五に、優勢木間伐を頻繁に行う。だから一種の択伐であり、その収入は馬鹿にならない。そこで「伐期」という概念がなくなる。一般の日本林業と違って、最終伐採は「主伐」ではなく、

単なる「終伐」なのだ。この点もドイツ近代林業と同じだ。つまり「エントヒープ」である。山國の人々は「木は一年生でも一〇〇年生でも伐採できる」という。需要が発生した時々の林齢が強いていえばその林分ないし林木の伐期なのである。

第六に、皆伐面積＝林分面積が小さい。だから森林生態系への侵襲が穏和なのだ。

第七に、伐採木は必ず剝皮して杉皮・桧皮として商品化する。樹皮は例えば神社仏閣の屋根材や塀材等として珍重される。だから出来高払い制である伐採労賃は伐木材積によらず、採った樹皮の量で計算する。だから作業員たちはできるだけ多く樹皮が採れるようにと、林木が折れないようにそろりと伐倒するし、幹の樹皮が採れる部分が地面に密着しないように伐倒する。このことは同時に高価値の幹材を多く売れるのだから森林所有者には大きな経済的メリットがある。なお、ドイツ等でも木材は剝皮した裸の幹材を商品とする。山國の篤林家は葉も商品化する。例えばスギの葉は線香の原料や高級料亭等の小便器の美観やらに使われる。アンモニア等で茶褐色に変色してしまった葉は有機肥料として再利用されるらしい。

第八に、より多くの樹皮を得るため、窪地を狙って、窪地に架橋するように、そろりと伐倒する。だから伐倒方向はショックの少ない上向き伐倒である。そのせいで木が折れたり割れたりしない。吉野型林業の伐倒方向もそうである。だから上向き伐倒は「大和伐り」と呼ばれたりもする。参考までにいうと、一般的な林業地と機械化林業はショックの大きい下向きに伐倒するのだ。

だから幹が折れやすく、また「目の通った良材」であるほど割れやすい。

第九に、葉枯らしを必ず行う。これも上向き伐倒だからこそ可能な乾燥方法だ。高性能林業機械はハナから葉枯らしを省《はぶ》くようにできている。

第十に、皆伐地には何本かの林木を残すこともある。これを「タテギ」と呼ぶ。後々の伐採で、より高樹齢の林木を収穫するためと、下種更新を狙ってのことだ。だからドイツ林業でいう「傘伐」の変形といっていえなくもなかろう。

第十一に、無節材生産に不可欠の枝打ちにしても山國では鉈、まして鋸を使わないで、独特の枝打ち鎌で行う。枝打ちは人体の場合の手術（外科的侵襲）だ。薄い鋭利な刃物のほうが傷口の修復が早い。傷口も小さい方がよい。だから鎌で、しかも枝が細いうちに枝打ちを行う。すると枝打ち箇所から害虫等が侵入して幹に「トビ腐れ」等を起こすことがない。

以上要するに山國林業はすこぶる集約的にして合自然的・近自然的な分散的多品目少量生産再生産林業であるから、ドイツ近代林業とは里山の利用様式を含めて相通じあうものがある。だから日本林業にはドイツ近代林業を移植しえる接点があるのだ。

流通の重視

こうした狭義の林業とともに山國林業のもう一つの特徴を紹介しておきたい。それは木材等林

産物の流通の重視だ。巧みな流通＝林産物の商品化が林業の繁盛の源泉であることを充分承知しているからである。だから商取引の主体であろうとし、需要動向を精査して個々の買い方のニーズに適合するように材をきめ細かく仕分けする。そして取引に際しては売り方である森林所有者は下座に座り、お客である買い方の木材商が上座に座る。そして取引成立後には売り方が買い方を飲食で接待したりもする。これは通常の商取引の場合は当たり前のことであって、だから山國の森林所有者はいわゆる「山旦那」ではないのだ。ところが凡百の林業地では文字通り「主客転倒」であって売り方が上座に座る。まして供応などしない。それでいて取引、特に価格決定の主導権は買い方に握られているのだ。商取引においても林業は奇妙な産業だといわれる所以である。日本の林業教育では無視に限りなく近いほど軽視されている木材の仕分け一つとっても、山國とバイエルン林業教育は極めて重視するという共通性があるのだ。[*2] この流通重視もまた私が自然とミュンヘン学派の一員になった大きな誘因の一つである。

山國林業が教えるもの

日本にも山國のような林業があったことを本書の読者諸兄姉には知っていただきたい。そして実は各地に山國的な林業があった。そのいくつかを私は実際に訪れた。そうした群星が存在したことは不思議でも何でもない。考えてみれば、縄文時代の昔から日本人は森を丁寧に扱って数量

的にも品目的にも多くの森の恵みを引き出してきた。だからドイツ近代林業に通じる林業を営む地域が山國以外にもあったのだ。それらの林業のなかには森林生態系の動態を活用した畑作、しかも米（陸稲）も栽培した畑作、すなわち普通農業が産出する全作目（水稲を除く）を栽培するアグロフォレストリーもあったのだ。[*3] 日本では、とりわけ山村や山村と農村との中間地、つまり行政がいう「中山間地」はこのように森林生態系の総体をフルに活用しなければ日本のような生態学的環境では生活できなかった。であれば文化人類学にならって「文化」を広く「生活様式」（ways of life）と定義すると（中村光男千葉大学名誉教授）、人々が森と疎遠になり、当の林業が衰弱してしまっている日本の「今」が文化的特異点なのである。「優良材ブーム」とその終息で現在は変質している山國の林業だが、少なくともかつての山國林業は「森の文化」なる生活様式とは何かを我々に教えてくれていると私は思う。

3 暁鐘

今日的思潮云々といった鳥瞰的議論は措き、私の職域である林業を〝虫瞰《ちゅうかん》〟すると、その一端を第2章で見たような甚だしい未熟さと、ミュンヘン学派についての無知と、前述した拒絶反応とから私は日本林業に闇の展望しか持ちえなかった。ところが幸いなことに最近暁鐘が聞こえ

てきた。音源はかの吉野林業を擁する奈良県である。奈良県では二〇一一年八月三〇日〜九月四日の「紀伊半島大水害」によって山林が大崩壊し、これが災害を一層激甚化させた。あわせて奈良県林業が誇る「吉野材」という高級役物材の市場規模が縮小して、超集約的なはずの吉野林業においてさえ、森林経営が手抜き傾向にある。そこで奈良県当局は「奈良の森林と林業はこれでよいのか」という根底的（ラディカル）な問いかけを自らに対して敢えて行った。日本における最先進林業地と自他ともに任じてきた奈良県にとって、この問いかけは「自己否定」に近い厳しい「自己批判」である。奈良県当局は奈良の森林・林業の全面的にして抜本的な見直しを開始した。農林部に「奈良の木ブランド課」が新設されたことは、「吉野材」という超高級ブランドを知る私に、この間の消息を鮮烈に教えてくれた。

この革命的といってよいほどの見直しの基軸は、荒井正吾知事の強力なイニシャティヴで行われている「奈良らしい新たな森林環境管理条例」の立案作業である。その事務局として「新たな森林管理体制準備室」が新設された。ここで名称の故に生じがちな誤解を避けるためにいっておくと、これは国の「新たな森林管理システム」＝「森林経営管理法」の奈良県版ではない。国の施策とは全く異質な奈良県独自の政策だ。その何よりの証左が、林業経営の意欲が無い者と林野庁が断定する小規模零細所有等を「林業経営の能力と意欲のある林業経営者」の手に統合することを主眼とする国の施策と違い、重視する森林の機能を生産・防災・生物多様性・レクリエーシ

ョンとした上で、「恒続林」を法定するのだ。すなわち、規模の大小を問わず、吉野型林業のそれを含む既存の一斉単純人工林と自然林とを異齢多層混交林の恒続林に誘導させることを企図したものである。ただし一部の典型的吉野林業型人工林は「適正人工林」として存続を認め、稜線や急斜面等の条件不利地にある単純人工林は混交自然林に誘導する。現在の天然林はそのまま天然林であらしめる。そして奈良の森を「市民の森」として一般に開放することを発想したのである。ただ現在の日本では民法や所有者の意識等が障害になって、自由な森林立入りを権利として公認することはできない。そこで奈良県は「奈良らしい新たな森林環境管理条例」(案)の第八条で「県民は森林がもたらす恩沢を享受していることの重要性についての認識を深め、森林の適正な利用に努めるものとする」ことを「県民の責務」とした。「森林がもたらす恩沢」とは森林の生産・保全・レクリエーションの機能だから、それを享受している森林所有者を含む全県民は森林レクリエーションの重要性を深く認識して、そのための森林の適正な利用が彼ら彼女らの責務だと法定することによって、レクリエーション目的での森林立入りを奈良県は実質上公認するのである。県条例とはいえ多機能林業である恒続林と林内レクリエーションが法定されることは、我が国法制史上初の画期的施策だ。なおもいうと農林水産・国土交通・経済産業・環境四省の縦割り行政である国の森林・林業施策を同条例で一元化させるところに「奈良らしい新たな森林環境管理条例」が縦割り行政を前提とした「森林経営管理法」と本質的に相違するのである。

こうした「新たな森林管理体制」を練り上げる際に決定的なヒントを与えたものが、山岳林業国・観光国スイスの森林・林業のあり方である。生産機能・国土保全機能・レクリエーション機能の三位一体を特長とするスイス林業・林政に奈良県は見直し作業の過程で遭遇した。防災と生産と観光が同時に実現される森林・林業のあり方を模索していた奈良県は、スイスの林業・林政を奈良的事情に適合するべく加工して導入することを決断し、名峰ユングフラウ・アイガー・メンヒ三山に象徴される山岳地帯ベルナーオーバーラント（ベルン高地）という有名な世界的大観光地のあるベルン州と「日本国奈良県とスイス連邦ベルン州との友好提携に関する協定」を締結した。二〇一五年四月一七日のことである。さらに多機能的な近代林業の鍵が人材であることをスイスに学んだ奈良県は、二〇一六年一一月一六日に「日本国奈良県とリース林業教育センターとの友好提携に関する覚書」を締結して、同校との林業教育に係る交流制度等を樹立した。その視線の先にはこのスイスの教育制度を参考にした「奈良県森林アカデミー」という担い手育成校の創立がある。そして二〇一七年六月七日〜八月二日の間、リース校の四人の生徒を吉野郡川上村と十津川村で受け入れた。彼らのレベルの高さは奈良県役職員と地元林業関係者にとって大きな衝撃となり、奈良県林業・林政の改革と人材育成の必要性を改めて痛感させたのだ。だから同アカデミーの卒業生はスイスをモデルにして「実践の人」である「奈良県フォレスター」として森林を有する全市町村に派遣されるのだ。卒業生が出るまでの過渡的措置として現有県職員中の

適任者を上記市町村に出向させる。いずれにしても前例のない施策である。

以上があの林業王国奈良県で実行されている森林・林業見直し作業の当初の動きである。こうした経緯を知ると誰が林業における異国の先進事例の「移植」と「追いつき追いこせ」を否定できよう。吉野林業を擁する奈良県でさえこうである。まして一般の林業地は、遠くはドイツ・スイスに、近くは奈良県に学ばなければなるまい。追いつかねばならぬことが余りにも多いからだ。

「移植」と「追いつき追いこせ」で高水準の国に発達したのはイギリスのみではない。林業林業における典型的事例は他ならぬまさに奈良県がモデルとしているスイスなのだ。かつてのスイス林業にはお粗末そのものであった。広葉樹の低林（日本でいう薪山や炭山）を廃絶してモミやトウヒの単純林を人工造林し、それを皆伐するという、戦後日本の「拡大造林」さながらのものが全盛であった。その結果一九世紀後半には森が相次いで気象害と生物害に襲われて被害が激甚化していった。林業試験場の試験地でさえ二七五ヵ所中二一〇ヵ所が生物害を被ったほどである。

こうした悲劇からスイスの森と林業を救い出した人々の主役がアーノルト・エングラーである。彼がスイス最高の学府であるチューリヒ工科大学（ＥＴＨ）教授に就任したのは一八九七年、二八歳の若さだった。次いで一九〇二年から林業試験場長を兼任する。彼はミュンヘン学派の開祖カール・ガイアーの愛弟子で、ガイアー林学の継承に一生を捧げたといわれるほどの人物だ。そのエングラーがＥＴＨ教授にして林業試験場長という地位をフルに活かしてスイスにガイアー林

学を輸入した結果、スイスの森は復興し、健全化したのだ。エングラーが主導した施業法は異齢多層混交林の造成と広義の択伐（優勢木の連続的間伐）である。そして彼は治山治水にも通暁していた。こうして今日のスイス林業が建設された。だからスイスでは皆伐を禁止してきているのだ。したがってガイアー林学はドイツよりもスイスで繁栄したといってもよい。ガイアー林学は地元バイエルン以外のドイツでは拒絶反応に近い扱いを受けていた。スイス林業はそんなガイアー林学の移植に大成功して、ドイツ林業を追いこしたのである。

＊1――「持続可能な林業」の対語が「略奪林業」であり、「施業放棄林」であることから、木材収穫を持続可能なものにすることは技術的にも発想としても決して困難なことではない。持続可能な営為を広く「森林生態系の諸機能の持続的発揮」と概念（把握）しても、それは「合自然的かつ近自然的な林業」「多機能林業」「フリースタイル林業」という三位一体を具現する「恒続林施業」であれば容易なのだ。にもかかわらず国内的にも国際的にも「持続可能な林業」が声高に提唱されている状況、まして公権力が発動されている状況は今日の林業一般が前近代的だからである。日本の問題状況を具体的に指摘すると、第2章で見たように林野庁が「新たな森林管理システム」を策定せざるをえない事態である。もっとも、この施策が難点の群集であることもまた第2章で詳述しておいた。

＊2――ただし材積単位では山國の方が緻密だ。そもそも計量単位は貴重品ほど小さくなる。山國では「才」すなわち〇・〇〇三三四㎥だがドイツでは一㎥。メートル法施行前に日本林業一般が用いていた「石」は〇・二七八二六㎥。そして材積豊かなスギの森は林地面積一町歩（約一ha）当たり一〇〇〇石の「千石山」（約三〇〇㎥）以上といわれてきた。山國

では「千石山」以上の森がそれほど珍しくはなかった。四〇〇㎥の森はざらにあり、六〇〇㎥の森さえあった。

＊3——ドイツでも先述したようにアグロフォレストリーの原型である焼畑造林が営まれていた。

あとがき

本書は京都から出発してミュンヘンに到着した私の遍歴の記録といってもよい。この旅路では実に多くの方々の学恩をかたじけなくした。そのうち此岸においでの方で特に多大の恩恵に浴した有木純善、荻野和彦、荻大陸の三氏にこの拙い著作を献じる。有木、荻野の両氏からの学恩について本文で述べたことはほんの一端にすぎない。荻氏とは日本林業の現状分析を二人して一所懸命に行った。また私の執筆を何くれとなく支えてくれた妻綾子、娘紀久子、息子恵一にも献じたい。

末筆になって甚だ恐縮だが、厳しい出版界の状況の中、前著『森林業』と同様売れそうにもないこの拙著を敢えて発行して下さった築地書館土井二郎氏にはお礼の言葉が見当たらない。

平成最後の春も過ぎた二〇一九年六月二八日

村尾　行一

ドイツ語のカナ表記について一言しておく。私は日本における慣用に極力したがった。例えば「ミュンヒェン」を「ミュンヘン」と、「バイアン」を「バイエルン」と、「フォアスト」を「フォルスト」と、「フェアスター」を「フェルスター」と、「ヴァーグナー」を「ワーグナー」と、そして「ティロール」を「チロル」と書いた。ただ「ルートヴィヒ二世」だけはバイエルン方言にしたがって「ルードヴィク二世」とした。これは私の趣味の問題である。

また、ドイツ語文献の場合には出版社名を省略した。本拙著のような性質の書物では不必要と思えたからである。

【わ】

索引

【著者紹介】

村尾行一（むらお　こういち）

1934 年、旧関東州大連市に生まれる。

東京大学農学部卒業、同大学院農学系研究科博士課程修了、農学博士、ミュンヘン大学経済学部留学。

国有林・林業経営研究所研究員、京都大学農学部助手、東京大学農学部助手、ミュンヘン大学林学部客員講師、愛媛大学農学部教授を歴任。

著書に、『木材革命』（農山漁村文化協会）、『東濃檜物語』（都市文化社　編著）『これからの日本の森林づくり』（ナカニシヤ出版　共著）など多数。

近著『森林業――ドイツの森と日本林業』は大きな反響をよんでいる。

森と人間と林業
生産林を再定義する

2019 年 7 月 31 日　初版発行

著者　村尾行一
発行者　土井二郎
発行所　築地書館株式会社
東京都中央区築地 7-4-4-201　〒 104-0045
TEL 03-3542-3731　FAX 03-3541-5799
http://www.tsukiji-shokan.co.jp/
振替 00110-5-19057
印刷・製本　シナノ印刷株式会社
装丁　吉野　愛

ISBN 978-4-8067-1584-9

くわしい内容はホームページで。URL=http://www.tsukiji-shokan.co.jp/

●築地書館の本

◎総合図書目録進呈。ご請求は左記宛先まで。
〒一〇四—〇〇四五　東京都中央区築地七—四—四—二〇一　築地書館営業部

森林業　ドイツの森と日本林業

村尾行一［著］二七〇〇円＋税

ロマン主義思想とともに発展し、今や一大産業へと成長し、世界をリードするドイツ森林運営の思想と、木材生産の実践、ドイツ最高の頭脳が集まる人材育成・林学教育を解説。二一世紀の日本社会にふさわしい、生産・流通の徹底的な情報化、乾燥管理、天然更新から焼畑林業までを提言する。

草地と日本人［増補版］　縄文人からつづく草地利用と生態系

須賀丈＋岡本透＋丑丸敦史［著］二四〇〇円＋税

縄文から利用・管理・維持されてきた半自然草地・草原の生態系、日本列島の土壌の形成、自然景観の変遷を、絵画・文書・考古学の最新知見、フィールド調査をもとに明らかにする。七年ぶり増補版。

森林未来会議　森を活かす仕組みをつくる

熊崎実・速水亨・石崎涼子［編］二四〇〇円＋税

欧米海外の実情にも詳しい森林・林業研究者と林業家、自治体で活躍するフォレスターがそれぞれの現場で得た知見をもとに、林業の未来について三年間にわたり熱い議論を交わした成果から生まれた一冊。

木材と文明

ヨアヒム・ラートカウ［著］山縣光晶［訳］三二〇〇円＋税

ヨーロッパは、文明の基礎である「木材」を利用するために、どのように森林や都市を管理してきたのか。王権、教会、製鉄、製材、造船、狩猟文化、都市建設から木材運搬のための河川管理まで、錯綜するヨーロッパ文明の発展を「木材」を軸に膨大な資料をもとに描き出す。